KB063201

# 듣는 안동

안동이 들려주는 27가지 이야기

노시훈

어문학사

듣는
안동

안동이
들려주는
27가지 이야기

노시훈

어문학사

고려시대부터 이어져 온 정신문화의 뿌리와 원형이 오롯이 살아있는 안동은 우리나라 전통문화자원의 보물창고다. 먹고 입고 사는 이 지역 전체가 뚜껑 없는 박물관이다. 보이는 것은 모두 문화원형이다.

그 문화원형과 스토리의 가치를 지키는 안동사람들은 보존의 고통으로 힘들어 하고, 외지에서 온 관광객들은 선택의 기준이 마땅치 않아 안동의 수많은 문화자원 중에 태반을 놓치고 마는 것이 현실이다.

마치 이러한 때에 맞춘 듯 꼭 필요한 안동 여행 길라잡이 『듣는 안동』이 나왔다. 안동사람도 미처 모르던 이야기까지 찾아내어 현실감 있고 재미있게 다듬어 자그마한 책자로 완성한 것이다. 책의 내용은 여행칼럼 겸 가이드북이지만 성격으로 보자면 젊고 패기 있는 여행 작가 한 사람이 자신의 애정을 담아 안동에게 건네는 프로포즈인 것이다.

안동에서 태어나 EBS와 한국콘텐츠진흥원을 거쳐 지역기반의 문화콘텐츠 진흥 사업을 해 온 나조차도 보지 못하고 듣지 못했던 안동의 27가지 이야기를 군더더기 없이 다듬어 내었다. 콘텐츠를 업으로 하는 사람으로서 감사한 일이지만 안동사람으로

서는 왠지 미안하고 부끄러운 마음이 든다.

이 책의 내용 하나하나가 안동의 지역 발전을 위해서나 우리나라 전통문화자원의 고품격화를 위해 꼭 있었어야 할 자료로서 시의적절한 도전이라 하지 않을 수 없다.

우리는 가끔 모든 것을 멈추고 인간의 존엄과 자기의 가치를 찾아보아야 할 필요가 있다. 세파에 찌들어 사는 현대인들에게는 휴식과 사색이 필요하다. 휴식과 사색의 정원에서 사회공간 전체를 교육적 환경으로 만드는 생각을 해야 한다. 비우고 멈추고 배우는 충전의 시간을 만들어야 한다.

산자수명한 자연풍광과 그 가운데서 안빈낙도하던 선비들과 군자들의 삶을 엿보기 위해 그 본향에서 자신을 독좌관심獨座觀心하는 시간이 필요하다. 안동은 이러한 시간을 만들어 주는 보물창고가 아닐까 싶다.

보물창고 안동을 열어보기 위한 예습과 워밍업을 하고 안동의 속살인 선비길 순례를 해 보면 이 책을 쓴 이의 의도를 이해하게 될 것이다.

안동사람들의 염치는 선비정신을 관통하는 정신이자 삶의 가치이다. 알아도 내색하지 않고 자랑하지 않고 알아도 말하지 않고 바르지 않으면 가지 않는다는 도덕적 가치까지, 빠지지 않고 실려 있는 이 책에는 도저히 안동사람들이 생각하지 못했던 것까지 담겨 있다.

고려시대부터 현대에 이르기까지 망라된 선인들 삶의 행적에 담긴 교육적 요소는 이 책의 핵심이며 놓쳐서는 안 되는 내용들이다.

전통문화도 꿰어야 보물이 된다. 현대사회의 과제는 문화를 콘텐츠로 버무려 파괴적이며 혁신적인 창조를 통해 관광 교육 사회 전반의 활력이 되는 자원으로 재창조하는 것이다.

파괴하라. 세상은 늘 새로운 것으로 가득하다.

여행 작가 노시훈의 애정 어린 저작이 계기가 되어 전통문화 자원이 가득한 내 고향 안동이 더욱 밝고 넓고 깊게 재창조될 수 있기를 바란다.

안동을 위해 시간과 노력을 헌신해준 노시훈 작가에게는 고마운 마음으로 추천의 글을 드린다.

—————————————— 전 EBS 제작국장 이사 김준한

코로나로 우울하던 날 노시훈 작가의 전작 『진짜 몽골 고비』를 만났습니다. 읽는 내내 작가의 목소리가 몽골에서 들려오는 것 같았습니다. 그때 슬프고 따뜻했던 파장을 아직 기억합니다.

코로나의 위세가 여전히 드센 오늘 『듣는 안동』이 내게 또 다른 평온을 주리라 기대하며 책장을 엽니다.

16년 전 업무차 처음 가본 안동, 그때 본 것을 지금에야 듣습니다.

———————————— 캐릭터 크리에이터 박미영

노시훈 작가의 『듣는 안동』을 읽으며 '이 양반 안동사람 다 됐구나'하는 생각이 절로 들어 시종 미소를 머금을 수밖에 없었다.

의도한 것인지 실수(?)인지 모르겠으나 책 본문 중의 "안동탈춤페스티벌에 와도 된다"는 표현 속에 그의 지향이 이미 안동에 함께 있음을 느꼈다고나 할까?

그렇지 않다면 외지인이 안동을 이해하는 폭과 깊이가 이 정도일 수는 없는 노릇이다.

분명한 사실은 안동 여행의 필독서는 이제부터 『듣는 안동』이라는 것이다.

──────────── '전 독립기념관 이사 최미연

고향은 떠나온 순간의 고향으로 남는다. 가끔 가기도 하겠지만, 늘 기억하던 곳만 가기가 쉽다. 그래서 노시훈 작가가 쓴 이 책은 내 고향 안동을 낯설게 다시 보게 해 준다. 정확히는 "듣게" 해 준다. 구수한 작가의 입담은 오래된 곳, 안동을 색다르게 만드는 좋은 수다이다. 앞으로는 누가 안동 간다면 묻지 말고 이 책을 보라 해야겠다.

──────────── 고려대학교 미디어학부 교수 이헌율

책머리에

💬 **듣는 안동이지 보는 안동이 아니다.**

냉정하게 말하자면 안동의 볼거리가 그리 특별하지 않다는, 점잖은 변명이다. 안동은 '한국 정신문화의 수도'라는 거창한 타이틀을 내세우고 있지만 사실 정신문화가 어디 보이는 것인가? 들린다면 몰라도…

나는 그렇게 이해했다. 20년 전쯤 회사 업무차 난생 처음 안동을 찾았을 때 가볼 만한 곳을 추천해달라고 하자 안동사람 한 분이 대뜸 안동은 보지 말고 들어야 한다며 이런 말을 해줬다.

💬 **니, 간고등어 머어봤나?**

자존심이 강한 사람은 직접 자랑하거나 변명하지 않고 대개 알 듯 모를 듯한 묘한 은유를 사용한다. 유홍준의 『나의 문화유산 답사기』 안동 편에 나오는 에피소드에서 확인할 수 있는 안동사람의 고집과 자존심은 '듣는 안동'이라는 신의 한 수를 만들어냈다.

## 🌶 안동 여행은 예습이 필요하다.

그렇다고 안동에 볼거리가 없는 것은 아니다. 300점이 훨씬 넘는 문화재가 넘쳐나는 고장으로서 지정문화재의 숫자로는 전국 시군 중 경주와 어깨를 나란히 한다. 그렇지만 무턱대고 안동을 갔다가는 아마도 두 번 다시 안동을 찾지 않을 것이다. 숨은 이야기와 내력을 모른 채 하회마을에 가고 도산서원에 가 봐야 그냥 덩그러니 옛집만 볼 뿐이다.

## 🌶 이야기는 관점을 만들어준다.

이야기와 내력이 빠진 역사도시 그리고 문화재는 오래돼서 귀하다는 것 말고는 어떤 호소력도 지니지 못한다. 안동이라는 도시에서 이야기를 뺀다면 이곳은 그냥 문화재단지 혹은 민속촌에 불과할 것이다. 이야기라는 것이 꼭 고전소설이나 역사책에 전하는 옛날 옛적 민담, 설화, 정사, 야사일 필요도 없다. 내가 겪은 이야기, 어디서 전해들은 내력이면 족하다. 물론 흥미가 빠지면 안 된다.

　짧지 않은 시간, 안동을 다니며 듣고 경험하며 사진과 기록으로 남기고 책으로 공부했던 이야기를 들려드리겠다. 듣고 나면 다음은 보일 것이다. 그렇다면 이 말은 여전히 유효하다.

　듣는 안동이지 보는 안동이 아니다.

2021. 11.

노시훈

일러두기

* 직접 촬영하지 않은 사진은 출처를 밝혔다.

# 차례

# 1.

## 귀인queen이
## 동쪽으로 온 까닭은?

지난 1999년 영국 여왕 엘리자베스 2세가 한국을 찾았다. 가장 한국적인 곳을 찾아 안동 하회마을을 방문했고 일정 중 73회 생일을 맞아 거한 생일상을 받고 여왕은 원더풀을 외쳤다.

여왕이 안동을 찾게 될 줄을 이미 이곳 사람들은 알고 있었다. 여왕이 한국을 방문한 것은 갓 쓴 여자安가 동쪽東을 찾아온 셈이니 당연히 안동安東을 오게 됐다는 것이다.

농담이 반쯤 섞인 우스갯소리긴 하지만, 착상이 기발하기도 하려니와 안동사람 특유의 자존심과 허세를 확인하는 듯해서 입가에 슬며시 웃음이 번진다.

출처: 1999년 4월 21일
MBC 화면

여왕이 충효당에
기념 식수한 구상나무

　하회에서는 서애 류성룡 선생의 종손이 충효당에서 빈객을 맞았는데 배우 류시원이 겸암 류운룡 선생(류성룡의 형님)의 13세손 자격으로 일행과 함께하며 안내를 맡았다. 지금이야 잘 모르는 사람도 있겠지만 당시의 류시원은 요즘의 김수현이나 박서준 정도 되는 인기 스타였다.

　귀인은 왜 안동으로 왔을까? 답은 간단하다. 안동은 가장 한국적인 곳이다. 이 대목에서 과연 안동의 그 무엇이 영국 여왕이 찾아올 만큼 '한국적'인지 궁금해진다. 안동의 정체성은 한

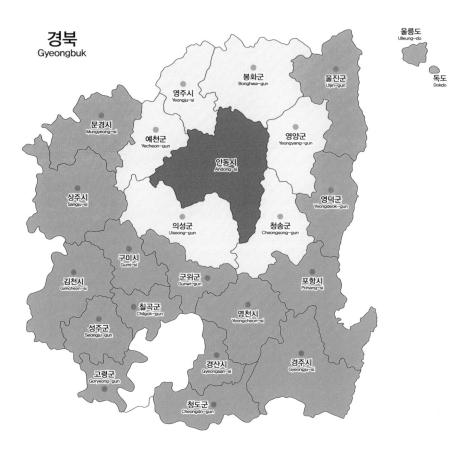

마디로, 내력 있는 족보를 지닌 성씨들이 지켜내 온 양반 문화다. 시기적으로는 조선시대이고 정신적인 지향점은 유교다. 물론 안동의 국보 가운데 2점은 고려시대 사찰 유적이고, 1점은 통일신라<sup>추정</sup> 시기 불탑이다. 국보 5점 가운데 3점이 불교 문화재로서, 어느 지역에도 빠지지 않는 불교문화를 보전해왔지만 누가 뭐래도 일반의 인식 속에서 안동의 정체성은 유교문화, 선비문화다.

안동의 내력을 연혁으로 살펴보자. 신라 혁거세 원년<sup>기원전 57년</sup> 지금의 안동땅에는 창녕국昌寧國, 구영국驅令國, 소라국召羅國 등으로 불린 성읍국가 혹은 소국이 자리 잡고 있었다. 그 후 소국들은 차례로 신라에 복속되어 고타야군古陀耶郡으로 불리다 경덕왕 때부터는 고창군古昌郡으로 불렸다. 이후 고창전투(930년)에서 고려의 왕건을 도와 후백제의 견훤을 함께 패퇴시킨 공을 인정받아 고창군은 안동부로 승격되었다.* 동쪽이 편안해졌다는 의미다. 그 후 안동은 고려와 조선을 거치며 가장 큰 행정단위인 대도호부가 설치되는 등 경북 북부를 대표하는 도시로서 위상을

---

\* 안동시 홈페이지(www.andong.go.kr) 재구성

굳혀왔다. 그러니까 행정구역상 '경상북도 안동시'는 좁은 의미의 안동이며, 넓은 의미로는 이웃의 의성, 예천, 영주, 봉화, 영양, 청송, 영해(영덕)까지를 아울러 예부터 안동권역이라고 불러왔다.

경상북도 북부를 대표한다면서 역사적인 근거까지 제시하고 있지만 안동권역으로 묶여버린 다른 시군은 속이 편할 리 없다. 누가 이런 이야기를 들려준 적이 있다. 영주나 예천은 안동을 라이벌로 생각하는 반면 안동은 턱없는 얘기라며 대꾸도 않는다고… 물론 안동사람의 시각이다.

실제로 이웃의 영주와는 '선비' 브랜드를 놓고도 한바탕 크게 다툼을 벌인 적이 있으며 '퇴계 이황'과 그 학맥을 두고 지금까지도 서로 소유권(?)을 주장하고 있다. 선비 브랜드와 퇴계 소유권 다툼에 대해선 각각 별도의 장에서 상세히 살펴보기로 한다.

예천은 인물 자랑으로 맞선다. 조선 인물의 반은 영남, 영남 인물의 반은 안동, 안동 인물의 반은 예천에서 난다는 배포 큰 과장에 더해 반서울로 불렸던 예천의 자존심은 안동이라는 지역 단위를 뛰어넘는다. 아름드리 소나무숲으로 유명한 예천 금당실마을의 별칭이 반서울이다. 조선을 건국했을 때 이곳과 근방의 맛질을 합하여 도읍을 정하려고 했다가 앞쪽으로 큰물이 없어서 한강이 있는 지금의 서울로 눈길을 돌렸다고 한다. 그러니 半서울 아니겠나? 더 그럴듯한 얘기는 부산을 출발해서 금당실에 오면 서울 절반 온 거리라고 해서 그렇게 불렀다고도 한다. 실제 금당실 앞을 지나는 간선도로변의 주소가 반서울로다.

이처럼 범안동권을 주장하는 안동과 독자적인 고유성을 주장하는 인근 시군을 보고 있으면 British(or UK)를 말하는 잉글랜드와 독자성을 강조하는 스코틀랜드나 북아일랜드가 연상된다. 엘리자베스 여왕은 그래서 안동에 온 것일까?

# 2.

## 경주는
## 돼야지

영주나 예천이 안중에도 없다면, 안동은 과연 누구를 라이벌로 의식하고 있을까?

'경주 정도는 돼야 견줄 만하지!'

이것도 물론 안동사람의 시각이지만, 문화재의 숫자를 놓고 보면 실제 두 도시는 우열을 가리기가 힘들다. 안동의 지정문화재는 총 331개이고, 경주는 343개이다(2021년 11월 홈페이지 기준). 기초지자체 중 압도적인 차이로 전국 1, 2위를 다툰다.

이처럼 문화재 총 숫자는 라이벌답게(?) 엇비슷하지만 유형

| | 국가지정문화재 | | | | | | | | 도지정문화재 | | | | | 계 |
|---|---|---|---|---|---|---|---|---|---|---|---|---|---|---|
| | 유형문화재 | | 무형문화재 | 기념물 | | | 민속문화재 | 등록문화재 | 유형문화재 | 무형문화재 | 기념물 | 민속문화재 | 문화재자료 | |
| | 국보 | 보물 | | 사적 | 명승 | 천연기념물 | | | | | | | | |
| 안동 | 5 | 46 | 3 | 2 | 2 | 7 | 35 | 4 | 79 | 5 | 21 | 52 | 70 | 331 |
| 경주 | 34 | 93 | 4 | 77 | - | 5 | 15 | 2 | 40 | 5 | 17 | 4 | 47 | 343 |

사진: 우종익

별로 파고들면 얘기가 조금 달라진다.

경주가 국보 34점, 보물 93점, 사적 77개를 비롯한 국가지정 문화재가 230개인 반면, 안동은 국보 5점, 보물 46점, 국가민속 문화재 35개를 비롯한 104개로 경주의 절반 수준에 못 미친다. 나머지는 경상북도지정문화재이다(안동 227개, 경주 113개).

이른바 문화재의 급수 면에서는 경주가 한 수 위인 것이 객관 적인 사실이다. 그러나 다른 관점에서 바라보면, 문화지표의 다 양성 면에서는 안동이 경주에 한발 앞선다.

> 경주의 문화재는 대부분이 신라시대의 것에 집중되어 있 고 현대로 올수록 문화재가 축소되어 있다면 안동은 신 라·고려·조선·구한말의 문화까지 고루 지정되어 있을 뿐 아니라 오히려 고대보다 근세로 역사가 발전할수록 문 화재도 점점 더 풍부하다. 두 고장의 문화사는 곧 두 고장 의 지역사를 고스란히 반영하고 있음을 단박 알아차릴 수 있다. 경주가 정태적 문화사를 지녔다면 안동은 발전적 문화사를 지니고 있는 것이다.
>
> 문화를 창출하고 향유한 주체를 중심으로 보면 경주의 문

29

화재는 한결같이 왕을 중심으로 한 귀족세력들의 문화와 불교를 중심으로 한 승려들의 문화를 개성있게 지녔다면 안동의 문화는 승려들의 불교문화와 공민왕 몽진에 따른 왕가문화가 곳곳에 서려 있긴 해도 조선조 양반·선비들의 유교문화와 민중들이 주체가 되어 창출한 민속문화가 함께 강성하다. 이를테면 경주에는 사찰과 절터·석탑·불상·고분·왕릉·왕관·각종 금은제 장식 등이 문화재의 대부분을 차지하고 있다면 안동에는 고건축·종택·서원·서당·고문서 및 전적 등과 함께 동채싸움·놋다리밟기·하회탈·하회별신굿·안동포짜기·농요·까치구멍집·토담집·도투마리집 등 (민속문화적인 요소가 - 필자 주) 상대적으로 큰 비중을 차지하고 있다.

… 중략 … 경주 문화재들의 상당수는 고분에서 출토된 금은제 장신구 또는 고분 자체이거나 아니면 사찰 또는 옛 절터에 산재되어 있는 석탑과 불상들로 이루어져 있다. 어느 것이든 실제 생활과 거리가 먼 문화재들이다. … 중략 … 안동의 문화재들은 대부분 실제 생활과 밀접한 관련을 가지고 있는 것들이다. 고가옥, 종택, 서원, 서

당, 정자, 재사, 고문서와 전적, 의식주 생활, 그리고 다양
한 민속문화재 등이 대부분이다. 안동의 무형문화재들을
보면 하회별신굿탈놀이, 안동차전놀이, 안동놋다리밟기,
안동소주, 안동포짜기, 안동저전동농요 등 한결같이 예사
사람들의 일상생활과 밀접한 관련을 지닌 것들이자 지금
생활의 현장에서 그대로 살아 기능하는 문화재들이다. …
중략 … 까마득한 옛날에 있었던 것이거나 박물관의 진열
장 속에 갇혀 있는 것이 아니라 지금 우리 마을과 집안에
실제 삶과 더불어 있는 것들이다.**\***

경주의 문화재는 불교 중심의 박물관 유물인 반면, 안동은 민
속·불교·유교를 아우르는 실생활 유물이라는 것이다. 이처럼
안동의 문화재는 통시적 관점의 각 시대별 문화가 두루 축적되
어 있을 뿐만 아니라 공시적 관점에서는 각 계층별, 남녀별 문
화까지 고루 갖추었다는 얘기다. 안동의 라이벌이 되려면 경주

**\*** 임재해, 안동 문화의 전통과 창조력, 민속원, 2010, pp.31~33.

정도는 돼야지만, 문화의 다양성과 지속성 면에서는 오히려 안동이 윗길이라는 당찬 주장이다.

우리나라에서 경주를 상대로 도발할 수 있는 역사도시가 안동 말고 또 있겠나? 이것은 과연 안동의 패기!

…

왜 아니겠는가.

# 3.

## 거는 장동
## 김가이더

안동 김씨 60년 세도정치에 조선왕조는 회복 불능인 망국의 길로 들어섰다.

이건 대체로 누구나 인정하는 역사적 사실이다.

조선의 르네상스를 일궈 가던 정조임금이 한창인 마흔아홉에 돌아가시면서 갑자기 왕위를 잇게 된 아들 순조의 나이는 당시 열한 살이었고 외척 안동 김씨들의 이른바 세도정치는 이때부터 60년을 넘어 지속된다. 안동 김씨를 통하지 않고는 사소한 벼슬 자리 하나 얻지 못하는 세상이 됐으니 조선왕조는 사실 이 시기에 망조가 들었다고 봐도 무방하다. 젖먹이는 물론 심지어 죽은 사람 앞으로도 군포를 걷어가는, 맘대로 죽을 수도 없는 이 망할 놈의 세상은 모두 안동 김씨 탓이 된 것이다.

이 대목에서 안동은 억울하다.

결론부터 말하자면 거기는 벌써 수백 년 전에 안동을 떠나온 서울사람들이다. 거기, 그러니까 19세기 초중반을 거치며 나라

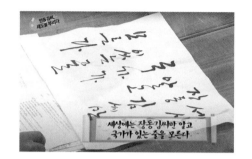

세상에는 장동김씨만 알고
국가가 있는 줄을 모른다

출처:
2015년 7월 12일
KBS《역사저널 그날》 화면

를 말아먹은 안동 김씨 일족은 세도정치 시절보다 200여 년이
나 앞선 16세기 후반부터 이미 한양에 자리 잡고 안동과는 별개
로 독자적인 문중을 형성해온, 이른바 신안동新安東 김씨의 일파
다. 이들이 몰려 살던 세거지가 한양의 장의동(지금의 통의동·창성
동·효자동 권역)이었으므로 장동壯洞 김씨라 불렸고 줄여서 장김壯
金이라고도 했다.

　세칭 장동 김씨의 본관이 안동인 것은 맞지만 그 시절 안동이
이 사람들과 함께 나라를 말아먹은 적이 없으며, 세도정치의 덕
을 본 것도 없다는 것이 안동사람들의 항변이다. 비유하자면 전
주 김씨 김일성이 밉다고 전주사람들을 욕할 순 없지 않냐는 요
지다. 당파를 따져보더라도 장동의 김씨들은 노론, 안동의 김씨

들은 남인으로서 정치적 적대관계였다. 조선의 도읍 한양의 역
사를 전시하고 있는 서울역사박물관 제1전시실에는 아래와 같
은 내용이 걸려 있다.

> 안동 김씨 중에서 16세기 후반 한양에 세거하면서 독자적
> 인 문중을 형성한 이들을 장동 김씨라고 했다. 병자호란
> 때 청나라에 굴복하지 않고 끝까지 싸울 것을 주장한 김
> 상헌의 후손들이 주류를 형성하였다. … 중략 … 이들이
> 세거했던 곳이 장의동이었으므로 이들을 장동 김씨라고
> 불렀다. 노론의 핵심가문이었던 장동 김씨 세력은 순조
> 대에 이르러 왕의 외척이 되어 모든 권력을 독점하는 세
> 도정치를 펼쳤다.

얘기가 나온 김에 진짜(?) 안동 김씨를 포함한 안동의 성씨에
대해 살펴보자. 2000년대 초반 무렵, 그러니까 모 회사 차장 직
함을 달고 안동을 자주 드나들던 때였다. 업무상 알게 된 사이
이고 나이로는 큰 형님뻘이던 안동의 지인 한 분이 대뜸 본관을
물었다.

"노 차장, 본本이 어데로?"
"황해도 풍천豐川입니다. 풍천 노갑니다."
"종가니껴?"
"아닙니다. 문효공파文孝公派 15세손입니다."

이런 대화는 안동에서 매우 흔한 문답이다. 농담인 듯 진담인
듯, 그분이 대뜸 이런 말을 던졌다.

"우리 노 차장은 서울시장은 해도 안동시장은 안 되겠다."

이게 무슨 말인지 대번 알아들을 수 있었다. 안동에서 주요
선출직이 되려면 특정 성씨여야 한다는 뜻이다. 실제로 이 당
시 안동시장은 안동 김씨였고 지역 국회의원은 안동 권씨였다.
2021년 현재는 시장 안동 권씨, 국회의원 안동 김씨다.

"왕후장상의 씨가 따로 있더냐?"

왕후장상의 씨는 몰라도 안동시장의 씨는 따로 있다.

그럼 어떤 성씨가 안동시장이 되고 국회의원이 될 수 있는 성골, 진골이란 말인가? 안동을 드나든 지 20년 가까이 되다 보니 얼추 감이 잡힌다. 내가 아는 바로는 대략 아래와 같다.

안동 김씨, 안동 권씨, 안동 장씨, 의성 김씨, 광산 김씨, 풍산 김씨, 풍산 류씨, 전주 류씨, 진성 이씨, 고성 이씨, 예안 이씨, 영천 이씨, 한산 이씨 등등.

순서는 의미 없다. 그리고 분명 빠진 성씨도 있을 테지만, 외지인 타성바지의 한계로 이해해달라.

안동에서 나름 내로라하는 저 가문들의 뜨르르한 내력이 궁금한 독자라면 시중의 다른 책을 참고하시기 바라며, 이 책에서는 안동의 시작과도 같은 삼태사三太師에 대해서만 살펴보기로 한다. 김선평, 권행, 장정필, 삼태사의 위패를 모신 안동태사묘에는 다음과 같은 안내글이 적혀있다.

> 이 건물은 고려 건국에 공을 세운 삼태사三太師인 김선평金宣平, 권행權幸, 장정필張貞弼의 위패를 모신 곳이다. 태사묘사실기년太師廟事實紀年에 의하면 고려 성종 2년(983)에 처음으로 삼태사의 제사를 지냈다고 한다. 조선 성종 12년

(1481)에 터전을 마련했고, 중종 35년(1540)에 현 위치에 사당을 건립하였다. 광해군 5년(1613)에 확대·재건하여 그 이름을 태사묘라고 하였다. … 중략 … 문중사적으로 볼 때 태사묘는 안동을 본관으로 하는 김씨, 권씨와 그리

고 안동을 비롯한 여러 본으로 분관된 장씨의 시조를 모

신 사당이라는 점에서 상당히 의미 있는 공간이다.


안동을 본향으로 하는 성씨는 이렇게 시작됐다.

# 4.

# 선비의 고장이
# 어디라고?

　　선비의 고장 경북 영주시. 영주는 안동과는 담장을 맞댄 이웃으로, 이 둘은 외지에서 만나면 고향 사람 만났다고 서로 반기지만 정작 동네에서는 라이벌 의식 강한 경쟁자의 모습을 자주 드러낸다. 경쟁이 선비를 두고 붙었던 적이 있었다. 영주가 선비의 고장으로 상표등록을 한 것이다. 그리고 뒤이어 숙박형 전통 테마파크 영주선비촌, 근방의 선비문화수련원, 매년 5월에 개최하는 영주선비문화축제, 농특산물 공동 브랜드 선비숨결

출처:
영주시청
관광홍보책자

등등 시의 상징사업 곳곳에 선비를 적극 활용했다. 이 소식을 접한 안동은 두 주먹을 불끈 쥐었다. "대한민국 아무 데서나 길을 막고 물어봐라. 영주가 선비의 고장인지 안동이 선비의 고장인지…"

그러나 만시지탄일 뿐 상표등록은 이미 끝났다.

들리는 말로는 영주시가 '선비'를 특허 등록했다는 소식이 전해진 후 안동시 담당자들은 시장에게 속칭 '쪼인트를 까였다'고 한다. 진짜 까였냐고 묻지 마시라. 아마도 크게 혼쭐이 났다는 뜻일 게다.

그래서 차선으로 선택된 슬로건이 '한국 정신문화의 수도'라고 한다. 이것도 진짜냐고 묻지 마시라. 나는 다만 뜨르한 풍문으로 들었을 뿐이다.

안동은 왜 선비를 놓치고 분노했을까?

다른 말로, 도시의 브랜드 혹은 슬로건이 왜 그리 중요할까? 현대는 주체를 막론하고 홍보와 PR의 시대이다.

경북 북부권이 아닌 외지인들은 선비의 고장하면 안동에 앞서 영주를 연상한다. 소비자의 기억 속에서 브랜드 선점 효과는 이렇듯 크다.

# 도시의 브랜드

'나비를 보려거든 함평으로 가라.'

이게 속담도 아니고 무슨 엉터리없는 소리냐고 하겠지만, 도시에서 자란 아이들 중에는 아마도 이렇게 믿는 경우가 분명히 있을 거다. 봄에 함평 나비축제에 갔더니 책에서만 봤던 나비가 천지로 날아다니지 않는가? '아하! 나비가 어디에 있나 했더니 여기다 있었구나!' 싶었을 거다. 장님이 코끼리 다리 만진 격이다. 나는 서울서 자랐지만 어려서 나비를 흔히 봤었는데 요즘 도시에선 나비 구경하기가 힘든 게 사실이다. 그러니까 시골 어디에나 있는 나비를 자신의 것으로 만든 함평의 사례를 일종의 '브랜드 선점'으로 보아도 좋겠다.

브랜드 선점은 쉬운 말로 "찜"이다. 제지로 유명

한 한솔그룹이 십수 년 전 내보냈던 이미지 광고 카피가 '우리나라에서 나무를 가장 많이 심어온 기업'이다. 결과적으로 보자면 이는 유한킴벌리 '우리 강산 푸르게 푸르게'의 뒷북 캠페인이 되고 말았다. 유한킴벌리가 꾸준한 캠페인을 통해 산림녹화 브랜드를 선점했고, 한솔은 '어? 산림녹화는 우리가 더 많이 했는데?'하며 부랴부랴 '동네사람드~을!!!'을 외친 경우지만 머릿속에 각인된 No.1 이미지는 그리 쉽게 교체되지 않는다. 그때는 물론 지금까지도 많은 사람들이 우리나라 산림녹화는 유한킴벌리가 했다고 생각한다. 나무는 한솔이 더 많이 심었는데 말이다.

이와 마찬가지로 나비가 실제로는 어느 지역에 많든 상관없이 우리나라에서 나비의 고장은 함평이다. 지자체건 개인이건 자기 PR이 미덕인 요즘 세상에 이것은 대단히 중요한 의미를 지닌다. 지금은 한풀

꺾인 듯도 하지만 함평 나비축제는 우리나라 지자체 축제의 벤치마킹 교재이다. 화려한 외형 대비 실수익 효과가 있었네 없었네 하는 논란은 남았지만 함평의 이미지를 전국적인 나비의 고장으로 각인시킨 것만큼은 확실하다.

얘기 나온 김에 도시의 브랜드, 범위를 좁혀서 도시 캐치프레이즈에 대해 살펴보자.*

Nice제천 Good충주 Yes구미 WOW시흥 A+안양

Running문경 New+영암 Top고창 Love음성 Always 태백 Amazing익산 Happy수원 Bravo안산 Amenity 서천 It's대전 Pride경북 Feel경남 Big충북

지자체가 자신을 소재로 해서 내세운 일종의 콘셉트이다. 이 대열에 참여 안 한 도시를 찾아내기가 오히려 더 힘들다. 찾아낼 수 있다면 불참 사실에 대해 칭찬을 해주고픈 심정이다.

이 캐치프레이즈들이 과연 지자체의 실체를 반영하고 있는가? 근거는 박약하다. 남보다 먼저 선점했을 뿐.

구체적인가? 포괄적으로 그냥 좋다는 뜻이다.

독특한가? 평범해서 잘 외울 수도 없다.

그리고 전체적으로 경박하다. 지방정부라는 규모와 격에 맞는 품위를 갖추었으면 한다. 특히나 'Love음성'은 좀 너무했다.

It's 대전은 Interesting 삶이 재미있고 풍요로운

도시, Tradition & Culture 전통과 다양한 문화의 도시, Science & Technology 과학의 도시 미래의 도시의 머리글자라고 한다.

한 가지 오해 마시라. 단지 표현이 외국어이기에 못마땅해 하는 게 아니다. 예를 들어 'Snowy평창' 혹은 '눈내리는 평창'이라는 캐치프레이즈를 걸었다 치자. 어떤가? 실체와 일치한다. 평창은 명실상부, 눈이 많은 고장이다. 구체적이다. 겨울 스포츠의 메카를 지향하며 동계올림픽을 치러낸 평창이 아닌가? 그리고 꽤 독특하다. 이렇게 보자면 'Dynamic부산'은 넘쳐나는 영문 슬로건 중에는 그나마 수작이다. 괜찮은 캐치프레이즈였는데 영문 캐치프레이즈의 퇴조와 함께 지금은 '시민이 행복한 동북아 해양 수도 부산'으로 바뀌었다.

바뀐 곳은 또 있다. Nice 제천은 자연치유도시 제천으로, Happy 수원은 휴먼시티 수원으로, Bravo 안산은 살맛나는 생생도시 안산으로, Big 충북은 생명과 태양의 땅 충북으로, Hi 서울은 I SEOUL U로…

이런 식으로 다른 도시와 비교해보자니 '한국 정신문화의 수도 안동'이라는 캐치프레이즈도 그리 나쁘지는 않다. 최소한 차별적인 정체성만큼은 분명하지 않은가.

* 노시훈, 웰컴투박물관, 컬처북스, 2010, p.197. 재구성

5.

안동웅부

정신문화의 수도 말고, 안동이 진짜 수도였던 적이 있었다. 이때를 기억하는 유물이 지금도 남아 있다.

고려말 1361년, 공민왕은 홍건적의 외침을 피해 안동으로 몽진길에 올랐다. 개경을 출발한 지 한 달여 만인 그해 12월 공민왕 일행은 안동에 도착하여 이듬해 2월 환도할 때까지 70일간 이곳에 고려왕조의 망명 정부를 차린다.

공민왕은 나라 안의 여러 곳 중 왜 안동으로 파천播遷했을까?

많은 이유가 있지만 크게 묶자면 장소성과 역사성, 두 가지를 꼽을 수 있다.

먼저 장소적인 고려로서 안동은 천년병화불입지지 千年兵禍不入之地 라는 매우 어렵고 거창한 타이 틀을 지닌 땅이다. 전쟁의 화 가 미치지 못하는 복 받은 땅이

라는 뜻인데, 같은 의미로 정감록에서 지목한 십승지十勝地, 즉 난리를 피해 몸을 보전할 수 있는 10곳의 피난처에도 안동이 들어있다. 안동은 큰 산과 큰 물을 끼고 있는 전형적인 내륙분지로서 침입자의 공격을 막아내기에 최적의 장소였던 것이다.

다음으로는 고려왕조와 안동의 좋은 인연, 곧 역사성이다. 안동은 고려왕조 개국의 일등공신이다. 앞 장에서도 살펴본 것처럼 안동의 삼태사(김선평·권행·장정필)는 고창전투에서 고려의 편에 서서 왕건을 돕게 되는데, 견훤을 상대로 고전하던 왕건이 이 전투를 계기로 결정적인 승기를 잡게 되고 이후 후삼국을 통일하게 된다. 당시 고창군이었다가 동쪽이 편안해졌다는 뜻의 안동이라는 이름을 하사 받는다. 공민왕은 안동 지역 주민들의 고려 조정에 대한 전통적인 충성심을 믿고 머나먼 몽진길에 올랐던 것이다.

공민왕 일행에 대한 안동주민의 환대는 민속놀이로도 남아 오늘날까지 전한다. 안동의 부녀자들이 허리를 굽혀 행렬을 만들고 그 위로 공민왕비 노국공주가 발을 적시지 않고 시내를 건너게 했다는 일화가 이 지역에서는 정설로 남아 지금도 정월대보름이면 공주를 뽑아 놋다리밟기(경상북도 무형문화재 제7호)를

사진: 정흥식

논다. 물론 놋다리밟기는 공민왕 때보다 훨씬 이전부터 전승되어 오던 민속놀이지만 안동 지역에서는 공민왕의 몽진이라는 역사적인 사건이 더해지면서 놀이의 원형이 구체화된 것으로 보고 있다.

마찬가지로, 일명 동채싸움이라고도 하는 안동의 차전놀이(중요무형문화재 제24호)도 고창전투를 기원으로 하고 있으나 이 역시 이전부터 전승되던 놀이의 원형이 고창전투를 모델로 구체화된 것으로 본다.

이처럼 짧고 굵게 고려의 임시수도 노릇을 했던 것과 관련하여 안동의 읍지인 영가지永嘉誌에 다음과 같은 기록이 있다. *

> 공민왕이 남쪽으로 내려와서 안동에 머물렀을 때 이 고을
> 사람들이 극진한 정성으로 모셨기 때문에, 수도 개경을
> 다시 수복한 것은 다분히 그것에 힘입은 것이다.

이후 안동은 지방 행정기관의 최상위급인 대도호부로 승격된

---

\* 임재해, 안동 문화의 전통과 창조력, 민속원, 2010, p.248.

다. 이와 함께 공민왕은 안동웅부라 적은 현판을 내린다. 시청
에는 복제품이 걸려 있고 친필 현판은 안동민속박물관에 가면
볼 수 있다.

　웅부雄府는 큰 고장이란 뜻이므로 안동웅부는 곧 안동대도호
부를 일컫는다.

# 6.

# 똑같애요!

안동을 대표하는 음식은?

간고등어, 찜닭, 안동식혜, 헛제사밥, 건진국시, 문어숙회, 안동소주, 버버리찰떡 등등.

이들 중 이 간고등어라는 것이 수상하다. 흔히 알고 있는 자반고등어와 도대체 뭐가 다르단 말인가? 업무상 갑을관계에 있던 시청 계장님 한 분을 붙들고 매우 친절하고 장황하게 여쭤봤다.

"간고등어는 고등어에 소금 간을 했다는 거잖아요? 여기에 뭐 다른 뜻도 포함되나요? 생선 같은 것을 오래 보관하려고 소금에 절여 놓은 걸 다들 자반이라고 하는데 안동에서만 특별히 간고등어라고 부르잖아요."

"… …"

"간고등어랑 자반이랑 뭐가 달라요?"

"똑같애요."
'아, 똑같구나!'

그래서 사전을 찾아봤다.

자반: 생선을 소금에 절여서 만든 반찬감. 또는 그것을 굽거나 쪄서 만든 반찬.
자반고등어: 소금에 절인 고등어.
간고등어: 소금에 절인 고등어.

정말 똑같다.

동해에서 잡힌 고등어를 영덕에서 안동까지 운반하는 동안 상하지 말라고 염장을 했던 것이 간고등어의 기원이다. 교통과 냉장설비가 좋아진 요즘에는 안동에서도 싱싱한 생물 고등어를 맛볼 수 있게 됐지만 여기 사람들은 여전히 자반고등어를 찾는다. 그리고 굳이 간고등어라고 부른다.

똑같은 것은 또 있다. 안동의 특산 음식 건진국시는 면을 삶아 찬물에 헹구고 사리로 건져 장국을 말아주는 국수를 말한다.

그렇다면 잔치국수, 냉면, 밀면 등 사리를 건져 국물을 말아주는 면 요리는 모두 건진국시가 된다.

반면 이름은 같은데 전혀 다른 음식도 있다. 안동식혜는 ○○식혜라는 이름으로 판매되는 캔 음료와는 다른 음식이다. 밥알 동동 달달한 맛으로 흔히 감주라고도 부르는 전통 음료와는 비슷도 아니한 딴 물건이지만, 밥에 엿기름물을 붓고 삭힌다(익힌다)는 점에서만 보면 서로 먼 친척쯤은 된다.

식혜의 먼 친척 안동식혜는 어떤 음식인가?

> 참쌀과 멥쌀 또는 좁쌀로 지은 밥에 엿기름물을 부은 다음 잘게 썬 무, 다진 생강, 고춧가루 물을 넣고 물을 넉넉하게 부어서 삭히는 것이다. 여기까지는 안동식혜가 되기 위한 필요조건일 뿐이며, 더 맛있게 하려면 잣·밤·배·볶은 땅콩 가운데 두어 가지를 넣어야 한다. 안동식혜는 타지의 식혜 맛과 붉게 만든 물김치 맛이 동시에 나는 것이며, 약간의 과일맛도 볼 수 있는 그런 간식이다.*

* 배영동 외, 안동문화로 보는 한국학, 알렙, 2016, pp.137~138.

좀 더 맛깔나게 소개하자면 다음과 같다. 안동 사는 지인의 페이스북facebook에서 옮겨왔다. 원문은 안상학 시인의 〈식혜〉라고 한다.

> 살얼음 사각대는 맑고 발그레 싹싹한, 생강과 고춧가루와 엿지름을 한데 훌 버무려 걸러 짜낸 물에 뽀얀 찹쌀과 노리끼리한 차좁쌀로 쪄낸 밥알 사이사이 깍둑썰기를 한 무꾸 조각들이 서성이는, 그 위에 채를 친 밤과 땅콩 몇 낱 고명으로 올린 고소, 시원, 달콤, 매콤, 얼콤한 그 맛

고소 시원 달콤 매콤 얼콤한 맛이 궁금하거든 먹어보는 수밖에 없다. 안동이라는 이름이 붙은 음식 중에 전국구 명성을 얻은 것으로 안동찜닭이 있다. 서울서 팔아도 안동찜닭이라고 하는 것을 보면 수백 년간 이 지역에서 고이 전승돼온 음식처럼 보이지만 내력을 살펴보자면 이제 겨우 30년 남짓 된 'Made in 안동구시장' 히트상품이다.

안동구시장 찜닭골목에는 스무 곳 남짓 찜닭집이 몰려있는데 맛 차이는 거의 없다는 게 현지인들의 평이다. 그런데 한때는

사진: 최미연

오직 한 집만 손님들(주로 중고생)이 길게 줄을 늘어서서 입장 순
서를 기다리는 진풍경이 펼쳐지기도 했다.

왜 그랬을까? 정답은 간판에도 적혀있다.

유명 예능 프로그램 '1박 2일'이 이 집을 다녀간 것이다. 이승
기가 앉았던 자리에서 찜닭을 먹어보겠다는 사람들 덕에 이 프
로그램의 후광은 몇 년간 지속됐었는데 아직도 이 집 앞에만 줄
을 서는지는 모르겠다.

안동 지역, 넓게 보아 경상북도 전역은 전국구 관점에서 흔히
맛의 불모지로 통한다. 물론 여기에는 전라도 음식은 맛있고 경
상도 음식은 맛없다는 풍문의 선입견이 한몫한 측면도 있지만
어느 정도는 사실에 가깝다. 하지만 안동인의 자존심은 이 '사
실'을 용납 못 한다. 기어이 한마디를 보태야 직성이 풀린다. 전
라도 어느 지역에 가서 한 상 떡 벌어지게 맛의 향연을 펼치고
나오면서 안동사람 하나가 이런 말을 했다고 한다. "고등어가
없네!"

그렇다면 안동을 포함한 경상북도에서는 어떤 음식을 먹어야
할까? 정보가 전혀 없는 동네에서 한잔해야 할 경우라면 안줏
감으로 문어숙회를 강력 추천한다. 사실 문어숙회는 양념이 따

로 없고 얼마나 잘 데치느냐, 즉 삶는 온도와 시간이 관건인데 문어는 제상에도 올라가는 음식인지라 이 지역 사람들은 다들 문어 데칠 줄은 안다. 그러니 웬만해선 실패가 없다.

호사가들이 전국 3대 빵집으로 꼽는 맘모스제과는 안동의 먹거리 중 젊은이들에게 어필할 수 있는 거의 유일한 품목으로 이 빵집은 유튜버의 성지가 된 지 오래다. 원래 유명했다고는 하지만 음식점에 별을 매기는 미슐랭가이드에 소개된 이후 명성이 굳혀진 것을 부인할 수는 없다. 크림치즈빵이 대표 상품이라 나 오자마자 팔려나가는데 저녁 무렵 가면 이 빵은 이미 다 팔리고 없다. 내 입맛에는 크림치즈빵보다 통팥빵이 더 낫던데…

옛 안동역 대각선 건너편에는 갈비골목이라는 명소가 있다. 쇠고기 중에 갈비를 유난히 좋아하는 안동사람들의 입맛이 만 들어낸 지역특화거리이다. 맛도 좋고 가격도 놀랄 만큼 저렴했 었는데 유명세를 탄 이후로 최근엔 가격이 많이 올랐다. 생갈 비와 양념갈비를 숯불에 구워 먹는 건 여느 지역의 갈비집과 마찬가 지지만 안동갈비골목만의 특징 이라면 갈비뼈 부분만을 따로 모아 찌그러진 냄비에 찜갈비 로 내온다는 점이다. 어차피 내가 시킨 갈비 내에서 만들어 주는 메뉴 지만 왠지 별도의 서비스를 받는 것 같은 기분 좋은 착각이 갈비골목 의 매력이다.

사진: 박은경

67

안동소주는 도수 높은 전통 소주로서 이름 그대로 끓여서 만든 증류주이다. 이러한 전통 방식의 소주가 전해지는 고장으로는 안동 외에도 개성(아락주), 진도(홍주) 등이 있고 모두 13세기 몽골의 침입을 받았거나 몽골군이 진주하던 곳이다. 한편 몽골어로 술이 아륵흐Архи인데 아랍어 아라크에서 온 말이다. 소주 자체가 아랍에서 몽골을 거쳐 고려로 전해진 것을 생각하면 고개가 끄덕여지는 발음이다. 몽골군이 주둔했던 개성 지방에서는 아직도 전통 증류식 소주를 아락주라 부른다고 하니 언어의 생명력이 놀랍기만 하다.* 마찬가지로 안동소주는 1281년 몽골군과 고려군이 일본 정벌을 위해 안동에 머물던 충렬왕 때, 몽골군으로부터 전래된 것으로 보인다. 안동 지역의 여러 집에서 소주를 고는 방법이 전승되어왔으나 일제강점기 때부터 가양주 제조금지령에 따라서 거의 전승이 단절되다시피 했다. 안동소주는 배앓이, 소화불량에 효과가 있는 약용술로 그 명맥이 유지되어왔다. 그러다가 1915년 안동시 남문동에 설립된 '안동주조회사'에서 '제비원표 소주'라는 이름으로 안동소주가 생산되어

* 노시훈, 진짜 몽골 고비, 어문학사, 2019, p.111.

출처: 위키백과

서울·만주·일본 등지로 판매되면서 그 명성이 확산되었다. 그 후 1987년에 조옥화 여사의 안동소주 양조법이 경상북도 무형 문화재로 지정되었다.* 이러한 과정을 거치며 이제 안동소주는 희석식 소주에 대비되는 전통 소주의 대명사가 되었다. 희석식 소주를 마시던 습관대로 안동소주를 마셨다간 2배 빨리 취하게 되니 이 점을 주의해야 한다.

안동의 음식 하면 빼놓을 수 없는 자료가 『음식디미방飮食知味方』이다. 최초의 한글 조리서로서 음식 만드는 법과 저장하는 법 등 132개 항목이 적혀있는 이 책의 저자는 안동에서 나고 자란 정부인 장계향(1598~1680)이다. 시댁인 경북 영양에서 말년에 책을 썼는지라 영양군에서는 장계향문화체험교육원까지 만들어 놓고 지역의 문화유산으로 적극 홍보·활용하고 있다. 아무튼 저자는 안동 태생이므로 『음식디미방』에 수록된 메뉴를 안동 음식이라고 해도 크게 무리는 없다.

이 밖에 안동사과와 안동한우가 유명하지만 경북 북부 시군 중에 사과의 고장, 한우의 고장 아닌 데가 한 곳도 없으니 사과

---

* 배영동 외, 안동문화로 보는 한국학, 알렙, 2016, pp.140~141.

와 한우를 안동만의 특산품으로 볼 수는 없겠다.

출처:
매거진한경
2021월 01월 12일자

7.

안 오는 건지
못 오는 건지

바람에 날려버린 허무한 맹세였나

첫눈이 내리는 날 안동역 앞에서

만나자고 약속한 사람

새벽부터 오는 눈이 무릎까지 덮는데

안 오는 건지 못 오는 건지 오지 않는 사람아

안타까운 내 마음만 녹고 녹는다

기적소리 끊어진 밤에

공전의 히트를 기록한 가요 〈안동역에서〉는 원전Original Story
이 따로 있는 노래다.

처녀 총각 젊은 남녀가 역무원과 열차 손님으로 만나 인연이
시작되고 사랑의 증표로 두 그루의 벚나무를 역전에 심어 연리
지 사랑을 키워가던 중 안타깝게 헤어졌으나 다시 기적처럼 안
동역 앞에서 만나 애틋한 사랑을 이어간다는 러브스토리. 참고
로 벚나무의 꽃말은 정신의 아름다움이라고 한다.

여기에 대해서는 본 장의 끝부분에 풀 버전을 수록하기로 한
다. 아무튼 이 이야기가 정설이라면 우리는 정설 외전外傳을 살
펴볼 필요가 있다.

첫눈이 내리는 날 안동역 앞에서 만나자고 약속한 사람은 왜
안 나타났던 걸까? 여러 가능성을 따져보자.

출처:
2014년 4월 10일자
《경북일보》

우선 생각해볼 수 있는 건 애정이 식은 경우다. 철석같이 약속은 했지만 지금은 형편(?)이 달라졌을 것이다.

안동버스터미널 바로 옆으로 신축 이전한
새 안동역은 임청각과 병산서원 만대루를 공간의 모티브로 활용했다고 한다.

다음으로 생각할 수 있는 경우는 첫눈의 기준이다. 오늘은 새벽부터 오는 눈이 무릎까지 덮고 있지만 사실 엊그제 눈 같지도 않은 진눈깨비가 내렸었다. 아마도 그날 첫눈이 온다고 안동역 앞에서 누군가를 기다리던 사람이 있었을 것이다. 첫눈의 관점이 달라 서로 날짜가 엇갈린 것이다.

2020년 겨울 이후라면 한 가지 가능성이 추가된다. 안동역이 버스터미널 근방으로 그해 12월 17일에 이전했지만 그전 안동역도 간판만 바꾸고 그 외관 그대로 그 자리에 서 있다. 역이 이사를 간 것도 모른 채 한 사람은 옛 안동역에서 기다리고 있는 것이 분명하다. 무릎까지 덮는 눈을 맞으며 …

안동역은 1930년 경북선의 종착역으로 개통된 후 중앙선이 다니다 한국전쟁 때 없어진 것을 1960년에 신축하여 2020년까지 이 자리에서 운영돼왔다. 가만 보니 안동역의 역사는 30부터 따지면 공비를 2로 하는 등비수열이라 숫자 외기가 참 편하다. 그렇다면 2140년에도 안동역에는 분명 큰 변화가 있을 것이다. 시간 되는 분들은 함께 기다려 보자.

임청각도 공간구성에 적용했다고 하는데 그냥 봐서는 어디를 참고했는지 모르겠다. 공간 모티브를 떠나서, 안동역 이전을 생각하면 제일 먼저 떠오르는 집이 사실 임청각이다. 임청각 바로 앞에는 안동역을 지나는 중앙선 철로가 놓여있다. 1944년에 이 철길이 놓이면서 아흔아홉 칸 대저택 임청각은 집의 상당 부분이 뜯겨 나갔다. 도연명의 귀거래사歸去來辭 시구*처럼 맑은 물에

---

\* 登東皐以舒嘯(등동고이서소) 동쪽 언덕에 올라 길게 읊조리고
　臨淸流而賦詩(임청류이부시) 맑은 물가에서 시를 짓네

안동역사의 디자인 모티브로 활용됐다는 만대루의 지붕 면.
맞은편 병산에서 피어오르는 물안개가 신비롭다.

임한다는 임청각臨淸閣은 철로 변의 임철각臨鐵閣이 되고 말았다. 임청각에 대한 이야기는 다음 장에 이어진다.

앞서 언급한 것처럼 노래〈안동역에서〉의 오리지널 스토리는 따로 있다. 아래 내용은 각각《경북일보》2014년 4월 10일자와《경북매일》2017년 6월 15일자에 실린 기사를 재구성한 것이다.

안동역 구내에는 연리지 사랑으로 널리 알려진 사연 많은 벚나무가 한 그루, 아니 두 그루가 있습니다. 위치는 신라 시대에 세워진 보물 제56호 운흥동오층전탑 근방입니다. 2014년에는〈안동역에서〉가 이 이야기를 노래한 것이라고 알려지면서 다시 역주행 인기를 얻기도 했습니다. 한 편의 영화 같은 기다림과 만남은 이제 우리 시대의 전설이 되었습니다.

안동역 연리지 벚나무의 사연은 광복 몇 해 전 겨울밤부터 시작됩니다. 야간 근무를 하던 한 젊은 역무원은 열차에서 내리자마자 정신을 잃고 쓰러지는 어느 처녀를 역무실로 업고 와서 정성스레 간호해주고 집에까지 데려다주었다고 합니다.

며칠 뒤 처녀는 고마움을 전하러 역무원을 찾아왔고 그렇게 둘의 사랑은 시작됐습니다. 당시 안동역 주변에는 두 사람이 같이 시간을 보낼 만한 마땅한 장소도 없고 해서 늘 오래된 전탑 주위를 거닐며 추억을 쌓아갔습니다. 둘은 사랑을 약속하며 안동역 광장의 한 켠, 전탑 앞에 벚나무를 한 그루씩 심었습니다. 앞으로 영원히 함께 살아갈 벚나무처럼 변치 말자는 뜻이었습니다. 그러던 어느 날 역무원의 신상에 커다란 변화가 생겼습니다. 그동안 비밀스럽게 독립운동단체에서 활동해왔는데 이 사실이 드러나면서 일본 고등계 형사들에게 쫓기는 신세가 되고 맙니다. 그는 애인이 걱정할 것을 우려해, 같이 심은 벚나무가 죽지 않는 한 자신에게도 별일이 없을 테니 걱정 말라는 말을 남기고는 급히 만주로 떠나갔습니다. 그 후 처녀는 때때로 역을 찾아와 전탑 앞에서 간절히 기도하며 벚나무를 보살폈다고 합니다.

얼마 후 광복이 됐고 그 몇 년 뒤에는 6.25 전쟁이 터졌습니다. 피란을 떠났던 그녀는 전쟁이 끝나 고향으로 돌아오자마자 안동역부터 찾았습니다. 그런데 정말 뜻밖에도 역에는 그가 서 있었습니다. 둘은 벅차오르는 감정을 주체 못한 채 말조차 하지 못하고 뜨거운 눈물만 흘리며 서로를 바라보았습니다. 역무원은 광복을 맞아 조국으로 돌아왔었지만 만주독립군 출신으로

북한인민군에 편입되었기에 전쟁에 차출되어 안동까지 내려왔
다고 합니다. 벚나무를 보고는 그녀 생각에 도저히 그곳을 떠날
수가 없어 국군에 투항을 한 후 오직 그녀만을 기다렸던 것입니
다. 쫓기는 남자를 위해 기도하던 처녀, 무작정 돌아와서 다시
만나길 기다렸던 총각… 그들의 사랑은 밑동이 하나로 붙은 안
동역의 연리지로 남았습니다.

연리지는 서로 다른 나무의 가지가 붙어서 한 그루처럼 된 경
우를 말합니다. 그래서 흔히 화목한 남녀 사이를 연리지에 빗대
기도 합니다. 그때 그 남녀가 안동역 연리지 사랑을 잘 이어갔
는지는 알려져 있지 않지만 안동역 명소를 찾은 많은 연인들은
그곳에서 추억을 쌓으며 그들처럼 사랑을 맹세하곤 합니다. 하

지만 이젠 안동역에는 연리지 벚나무가 없습니다. 2016년 오층
전탑의 보수공사를 진행하면서 70년이 넘은 벚나무는 밑동만
남긴 채 베어지고 만 것입니다. 나무가 고사하게 되자 쓰러질
위험이 있다며 잘랐다고 합니다. 연리지 사랑을 확인하러 안동
역을 방문했던 커플들은 실망할 수밖에 없습니다. 덩그러니 남
은 밑둥치와 안내판*만이 이곳에 연리지가 있었음을 증명할 뿐
입니다. 서로를 잊지 못하는 기다림과 만남의 이야기가 전해지
는 만큼 안동역 벚나무도 오래오래 잘 관리되었으면 좋았을 텐
데 말입니다. 밑동만 남은 모습으로도 한 몸처럼 붙어 있는 연
리지는 그래서 더욱 애틋한가 봅니다.

★ 기사에는 안내판이 있었다고 적혀있는데 현재는 남아 있지 않다.

8.

# 임철각은
# 다시 임청각으로

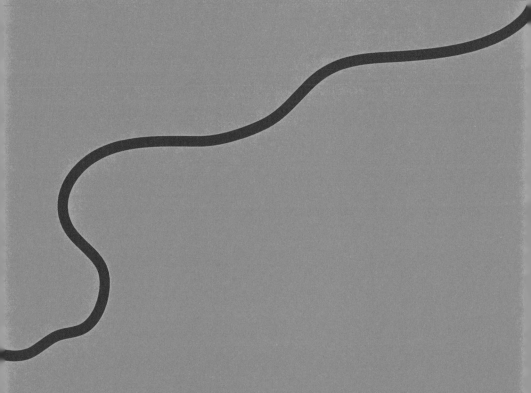

 임청각을 보는 느낌은 두 가지다. 먼저 노블레스 오블리주다. 아흔아홉 칸 대저택 임청각의 주인인 석주 이상룡 선생은 독립운동을 위해 50여 명에 이르는 가노의 노비문서를 불태우며 가산을 처분하여 서간도로 이주하였고 고난의 망명 생활을 시작한다. 임시정부의 초대 국무령이 되어 '임청각에서 3명의 재상을 낸다'는 고성 이씨의 가전家傳을 확인했지만 독립운동을 하는

3명의 재상을 낸다는 가전을 간직한 영실靈室, 일명 우물방.
재상뿐이랴! 임청각의 독립유공자 9분은
모두 이 방에서 태어났다.

석주 선생이나 임청각에 남은 가솔들의 고생은 이만저만이 아니었다. '가진 사람들의 실천 의무' 그 상징이 임청각이다.

또 하나는 철길의 횡포이다. 임청각은 영남산의 혈이 모이고 낙동강과 반변천이 합수되는 지점에 자리한 전형적인 배산임수형 명당이다. 일제는 이곳으로 중앙선을 관통시켜 독립운동의 상징과도 같은 임청각을 의도적으로 훼손했다. 저택의 상당 부분이 헐린 임청각은 철길 뒤편의 옹색한 한옥단지가 되고 말았다. 그 앞에 자리한 국보 제16호 법흥동칠층전탑*의 처지는 더욱 처량하다. 통일신라 어느 시기엔 대사찰(법흥사)의 불탑이었지만 500년 전부터는 임청각 앞길의 조형물로 서 있다가 이제는 철로 변에 낀 외로운 문화재가 되었다. 소재 면에서도 희귀한 이 웅장한 전탑을 보고 있노라면 세 평 창살 안에 갇혀 우울증에 걸려 버린 거대한 코끼리가 연상된다.

임청각이 일반인들에게 널리 알려진 건 지난 2017년 제72주년 광복절의 대통령 경축사 영향이 크다.

---

\* 간혹 보이는 신세동칠층전탑은 잘못 전해진 이름이다.

17.2m 어른 10명 높이의 법흥사지칠층전탑

(전략) … 경북 안동에 임청각이라는 유서 깊은 집이 있습니다. 임청각은 일제강점기 전 가산을 처분하고 만주로 망명하여 신흥무관학교를 세우고 무장독립운동의 토대를 만든 석주 이상룡 선생의 본가입니다. 무려 아홉 분의 독립투사를 배출한 독립운동의 산실이고 대한민국 노블리스 오블리제를 상징하는 공간입니다. 그에 대한 보복으로 일제는 그 집을 관통하도록 철도를 놓았습니다. 아흔아홉 칸 대저택이었던 임청각은 지금도 반토막이 난 그 모습 그대로입니다. 이상룡 선생의 손자 손녀는 해방 후 대한민국에서 고아원 생활을 하기도 했습니다. 임청각의 모습이 바로 우리가 되돌아봐야 할 대한민국의 현실입니다. 일제와 친일의 잔재를 제대로 청산하지 못했고 민족정기를 바로 세우지 못했습니다. 역사를 잃으면 뿌리를 잃는 것입니다. 독립운동가들을 더 이상 잊혀진 영웅으로 남겨두지 말아야 합니다. 명예뿐인 보훈에 머물지도 말아야 합니다. 독립운동을 하면 3대가 망한다는 말이 사라져야 합니다. 친일부역자와 독립운동가의 처지가 해방 후에도 달라지지 않더라는 경험이 불의와의 타협을 정당화하

출처: 최성달, 안동 이야기 50선 Ⅱ, 천우, 2018, p.16. 사진: 이동춘

낙동강, 도로(석주로), 철길(중앙선) 순으로 이어지고 그 너머로 임청각이 보인다.
사진 하단의 법흥사지칠층전탑 오른편에 있는 가옥은
고성 이씨 탑동파 종택이다.

출처: 박민영, 임시정부 국무령 석주 이상룡, 지식산업사, 2020, p.15.
철길에 훼손되기 전 99칸 임청각의 전경

는 왜곡된 가치관을 만들었습니다. … 중략 … 임청각처
럼 독립운동을 기억할 수 있는 유적지는 모두 찾아내겠습
니다. … (후략)

이후 중앙선 철로를 복선화하면서 선로를 변경하여 안동역도
이전했고 임청각을 지나는 철길도 걷어내고 있다. 철길이 걷힌
자리에 옛 건물들이 다시 서면 임철각臨鐵閣은 다시 임청각臨淸閣
이 될 것이다. 오는 2025년까지 온전히 복원될 예정이다.

9.

물이 돌아
하회

안동하면 무엇이 먼저 떠오르냐고 일반인을 상대로 묻는다면 아마도 응답자의 절반 이상은 하회마을을 꼽을 것이다. 안동이 가진 유무형의 자산 중 대외적으로 가장 많이 알려진 것이 하회다.

지난 2010년 여름에 식구들을 데리고 하회를 다녀왔다. 안동 하회를 둘러보고 근처 가일의 200년 된 고택에서 체험형 1박을 했다.

하회를 다녀온 지 4일 만에 우리 식구들은 TV를 보다가 모두 깜짝 놀랐다. 우리가 다녀온 곳이 화면에 그대로 나오는 것이다. 세계문화유산으로 등재됐다고 하회가 소개되고 〈고택의 변신〉이라는 르포에서는 우리가 잠을 잤던 수곡고택이 나오는데, 머릿속에 아직 잔상이 남아 있는 곳이 TV 화면으로 나오니 아이들이 얼마나 신기해하던지…

우리가 다녀오니까 세계문화유산이 된 거라고 말해주었다.

그해 여름, 그러니까 2010년 7월 31일자로 안동 하회마을은 경주 양동마을과 함께 유네스코 세계문화유산으로 등재됐다.

하회는 좋은 곳이다. 초가와 기와집이 섞여 소로로 구성된 전통 마을이 여느 민속 마을과는 사뭇 다르다. 마을 전체를 휘감아 도는 물길과 모래톱만 가지고도 '삼남 4대 길지'로 택리지에 오르기에 손색이 없다. 하회의 가치는 한옥의 숫자가 아니다. 평소엔 열쇠를 채워두었다가 명절 등 행사 때만 사람들이 모이는 여느 보존 마을과 달리 하회마을(함께 등재된 경주 양동마을도 마찬가지지만)의 가치는 원형이 보존된 공간에서 수백 년간 대를 이어 살아왔고 지금도 그 사람들이 살고 있다는 점이다. 그러나 하회의 미래가 밝은 것만은 아니다. 하회는 이미 '세대 재생산'이 불가능하다. 지금 사는 분들은 대를 이어 살아온 것이 맞지만 그분들 아래 세대는 이제 하회에서 찾아보기 힘들다. 있긴

해도 아이를 낳아 기를 연령대가 아니다. 당연히 이곳에는 유년 혹은 10대 거주자가 없다. 그래서인지 하회를 비롯한 근방엔 초등학교가 없다. 노인들이 점차 돌아가신 후 세대가 이어지지 않으면 안동시 혹은 경상북도에서는 세계문화유산 유지를 위해 주민이주 정책을 쓸 것이고 그러면 그때부터는 마을이 아니라 민속촌이 되는 거다. 유네스코도 민속촌을 세계문화유산으로 계속 유지하지는 않을 것이다.

혹시 모른다. 주거의 패러다임이 바뀌어 하회 같은 곳에서 사는 것을 더 선호하는 세상이 느닷없이(?) 찾아올지도…

하회河回는 글자 그대로 물이 돈다는 뜻이다. 우리말로는 물돌이동이라고 한다. 본래 강은 직선으로 흐르지 않는다. 물이 흐르다 고개를 만나면 물은 이를 피해 휘돌아 나간다. '산은 물을 넘지 못하고 물은 산을 건너지 않는다'거나 '산자분수령山自分水

嶺이라고 하는 말이 모두 이를 뜻한다. 그래서 마치 뱀이 기어가는 듯한 사행천이 생겨나고 하회와 같은 물돌이동을 만든다. 내성천의 무섬마을과 회룡포, 동강의 어라연, 서강의 청령포와 한반도지형 등에서도 같은 물길을 확인할 수 있다.

하회가 물돌이동인 것을 보려면 부용대에 올라야 한다. 마을만 둘러보고 부용대를 오르지 않았다면 하회를 절반밖에 못 본셈이다. 하회와 마주 보고 선 부용대(일명 북애)를 오르면 앞 장과 같은 전경을 감상할 수 있다. 안동시내를 관통한 낙동강은 마을 남동편(사진 왼쪽 상단 바깥)의 병산서원을 지나 하회를 한 바퀴 돌며 물돌이동을 만들고 크게 돌아나간다.

마을 북쪽의 솔숲은 강바람을 막아주는 방풍림이면서 풍수상 마을의 기를 보한다는 만송정이고 그 앞에는 나룻배가 머무는 백사장이다.

부용대의 조망이 얼마나 좋았는지 이분은 벼랑 바로 앞에까지 진출하여 여유롭게 감상(?) 중이다. 몇 발짝 뒤에 선 남편은 난리가 났다. "자기야, 위험한 데는 가지 말랬지!"

부용대의 좌우로는 옥연정사와 겸암정사가 자리한다. 각각
서애 류성룡 선생과 그의 형님이신 겸암 류운룡 선생이 계시던
곳이다. 옥연정사는 류성룡이 징비록을 집필한 곳으로 유명하
지만 낮은 담장 너머로 강을 내려다보는 풍광 또한 일품이다.

옥연정사와 겸암정사 사이에는 두 형제가 왕래했다는 벼랑길
이 있다. 제법 가파른 듯하여 옥연정사 관리인에게 지금도 사람
이 다니느냐고 물었더니 그렇다고 한다. 자기는 슬리퍼 신고도
다닌다는 말에 용기를 얻어 나섰다가 벼랑 중간쯤에서 하마터
면 소리 내어 울 뻔했다. 누구는 슬리퍼 차림으로도 가볍게 다
닌다지만 나는 등산 장비를 갖춘다 해도 두 번 다시 저 벼랑길
은 가지 않을 것이다. 정말로 식겁했다. 그나저나 류성룡 형제
는 이 벼랑길을 짚신(혹은 가죽신) 차림으로 어떻게 무사히 지나
다녔을까?

부용대를 내려와 하회마을로 들어서면(부용대에서는 코앞이지
만 길을 돌아 마을로 들어가므로 걷기엔 제법 멀다. 차를 타야 한다.) 익히
들었을 법한 충효당, 양진당, 하동고택 등을 둘러볼 수 있다. 충
효당 조금 떨어진 곳의 600년 된 느티나무 앞에는 종이에 소원
을 적어 걸 수 있도록 되어 있다. 하회에서는 삼신당이라고 부

르는 이곳은 눈에 잘 띄지 않는 작은 안내판을 따라 조붓한 고
샅길을 들어서야 하므로 미리 계획하지 않으면 놓치기 쉽다.

그리고 하회에 왔다면 별신굿탈놀이는 놓치지 말아야 한다.
매일 오후 2시부터 1시간 동안 야외 탈춤공연장에서 무료로 관
람할 수 있다. 시간 맞추기가 쉽지 않다면 매년 초가을에 열리
는 안동탈춤페스티벌에 와도 된다.

하회탈에는 탈을 깎는 허 도령과 그를 연모한 김씨 처녀의 애
절한 이야기가 전해진다. '허씨 터전에 안씨 문전에 류씨 배판'
이라는 말처럼 하회의 초기 토착민은 허씨들이었다. 때는 고려
중엽, 마을의 허 도령은 꿈에 본 서낭신의 계시에 따라 목욕재계
후 금줄을 치고 탈을 깎기 시작했다. 허 도령을 연모해온 김씨
처녀는 보고픈 마음을 참지 못해 금기를 깨고 탈 작업장을 몰래
들여다보았는데, 그 순간 마지막 탈을 깎고 있던 허 도령이 피를
토하고 쓰러져 숨을 거두고 말았다. 탈을 완성하기 직전에 허 도
령이 죽는 바람에 이매탈은 턱이 없는 채로 전해져 온다.

허 도령을 따라 김씨 처녀도 숨을 거두자 마을에서는 그 넋을
위로하고자 마을 뒷산(화산)에 상당을 짓고 서낭신으로 모시며
해마다 제사를 올리고 있다.

# 10.

# 만대루 너머
# 병산을 마주하다

병산서원은 내가 꼽는 우리나라 최고의 서원이다. 서원 본래의 가치 혹은 건축물의 의미 등은 잘 모른다. 그냥 첫눈에 든 느낌이 최고였다. 그것은 아마도 서원과 마주 선 병산 때문일 것이다. 병산屛山은 이름 그대로 병풍 같은 산이다. 서원의 이름도 여기서 유래했다.

이른 아침 만대루에 올라 복례문 너머 안개 낀 병산을 보노라면 이런 풍광을 앞에 두고 과연 서원 유생들이 공부를 제대로 했을까 싶다. 얼마 전부터는 문화재 보호 명목으로 만대루를 개방하지 않고 있으니 아쉬울 따름이다.

복례문을 지나 만대루의 누마루 아래로 고개를 숙여 서원에 들어선다. 한국건축은 멀리서 바라보는 건축이며, 일본건축은 가까이에서 쓰다듬는 건축이라고 했다던 서양 어느 건축가의 탁견을 눈으로 확인할 수 있다. 주변을 위압하기보다는 전체로서 하나의 풍광을 이루는 건축, 그 백미가 바로 병산서원이다.

한국 건축을 이해하는 대표적인 키워드는 차경借景이다. 외부 풍광을 축소하여 내 집 마당으로 단정하게 들여놓은 것이 일본의 정원庭園이라면, 건축물 자체가 그대로 풍광의 일부가 된 것이 한국의 원림園林이다. 건물의 문밖으로, 기둥 사이로, 담장 너머로 보이는 외부 풍광은 차경, 즉 경관을 빌려온 것이니만큼 그대로 원림의 연장이다. 흔히 한국의 3대 원림이라고 하는 소쇄원, 세연정(윤선도 원림), 서석지 어디를 가봐도 이러한 건축 원리는 공통적으로 확인된다.

만대루에 올라앉아 바라보는 주변 풍광, 혹은 중앙 강당(입교당)에서 만대루를 창틀 삼아 내다보는 병산의 경관이 바로 차경이다.

이에 대한 유홍준의 설명이다.*

> 병산서원은 주변의 경관을 배경으로 하여 자리잡은 것이 아니라 이 빼어난 강산의 경관을 적극적으로 끌어안으며 배치했다는 점에서 건축적·원림적 사고의 탁월성을 보여준다.
> 병산서원이 낙동강 백사장과 병산을 마주하고 있다고 해서 그것이 곧 병산서원의 정원이 되는 것은 물론 아니다. 이를 건축적으로 끌어들이는 건축적 장치를 해야 이 자연공간이 건축공간으로 전환되는 것인데 그 역할을 충실히 수행하고 있는 것이 만대루이다. 병산서원의 낱낱 건물은 이 만대루를 향하여 포진하고 있다고 해도 과언이 아닐 정도로 여기에 중심이 두어져 있다.

★ 유홍준, 나의 문화유산답사기3, 창비, 1997, p.124.*

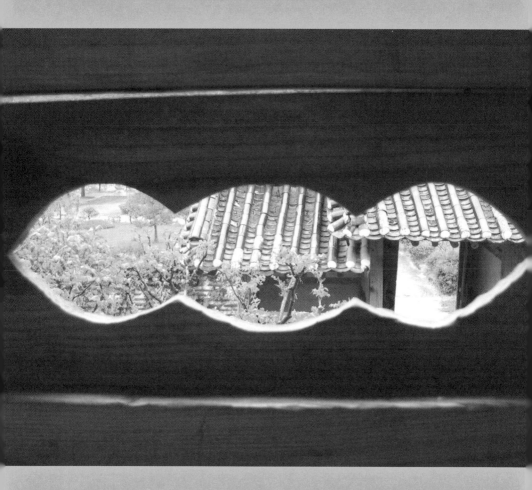

만대루 난간 문양 사이로 내다뵈는 복례문과 배롱나무,

이것도 차경일까?

　구체적인 언급은 없지만 병산서원의 차경에 대해 말하고 있다.

　서원 전체가 사적으로 지정된 병산서원에서 답사객들이 가장 좋아라하는 건물은 의외로 화장실이다. 이 화장실은 남녀 구분이 없으며 지금도 가끔 사용한 흔적이 보인다.

　일명 머슴뒷간으로 통하는 야외 화장실은 골뱅이(@) 모양의 미로로 인해 가림문이 없어도 사적 활동(?)이 보호된다. 이때 노크는 헛기침이다.

　나의 문화유산 답사기에 소개될 당시만 해도 사립문 형태였으나(위), 그 후 유명세를 탔는지 어쨌는지 개량 공사를 거쳐 지금은 흙돌담으로 변신했다(아래).

출처: 유홍준, 나의 문화유산답사기3, 창비, 1997, p.127.

　이제 병산서원을 나서려면 왔던 길로 되돌아가는 수밖에 없지만 도보라면 한 가지 방법이 더 있다.

낙동강 물길을 따라, 때론 산길을 따라 하회의 뒤편으로 넘어가는 십리길은 의외로 아는 사람이 많지 않다. 낙동강 한 번, 산세 한 번, 구경 다 해 가며 걸어도 1시간 30분이면 충분하다. 봄에도 걸어보고 여름에도 걸어봤지만, 확실히 이 길은 가을길이 좋다. 휴게소에 비치된 관광홍보물에는 '선비순례길(하회↔병산)'이라고 소개돼 있다.

십리길에서 만난 여러 풍경 중에 저 조그만 새 둥지가 눈에 띄었다. 작은 사과만 한 둥지가 하도 앙증맞아 가까이 가보니 갖출 것은 모두 갖춘 완벽한 새집이었다. '집주인은 어디 갔을꼬.'

# 신미존치 47서원과 유네스코 9개 서원

도산서원과 함께 흔히 안동의 양대 서원으로 대접받는 병산서원은, 도산서원이 퇴계 이황의 도산서당에서 시작했듯 서애 류성룡의 풍악서당을 지금의 자리로 옮겨오면서부터 시작됐다. 앞쪽으로 공부하는 공간, 뒤쪽으로는 제사 지내는 공간을 배치한 전형적인 전학후묘前學後墓를 따르고 있다.

병산서원은 지난 2019년 유네스코 세계유산이 됐다. 안동의 양대 서원이자 세계의 9대 서원이 된 것이다. 아홉 곳은 등재 순으로 소수서원, 남계서원, 옥산서원, 도산서원, 필암서원, 도동서원, 병산서원, 무성서원, 돈암서원이다. 이제 서원은 유네스코가 인정하는 세계적인 문화유산이 됐지만 150년 전에는 '도둑이 숨는 곳'이라고 세상으로부터 손가락질을 당했던 곳이다.

백운동서원(후일 소수서원) 이래로 전국 각지에 생겨난 서원은 초기엔 선현을 배향하고 지역의 인재를 양성하는 지역별 사립학교 역할에 충실했지만 조선 중기 동서분당 이래로는 점차 당쟁의 소굴이자 지역민을 수탈하는 토호들의 구심점 노릇을 해왔다. 조선 후기로 들어서면서 전국의 서원은 1천500개소를 헤아리게 되고 앞서 언급한 폐단 또한 더욱 심해지자 조정에서는 1868년과 1871년 두 차례에 걸쳐 '1인 1원'을 기준으로 서원철폐령을 내려 경기도 12, 충청도 5, 전라도 3, 경상도 14, 강원도 3, 황해도 4, 평안도 5, 함경도 1곳, 도합 47개소의 원사(院(서원) 27, 祠(사우) 20)*만을 남기게 된다. 신미년(1871년) 철폐령에도 살아남았다 하여 이들을 '신미 존치 47서원'이라고 한다.

서원 철폐에 대한 유림의 반발 또한 거셌으나 당

유네스코 세계유산이자 전라남도 유일의 신미 존치 47서원인
필암서원(전남 장성군 소재). 지역의 특성을 반영하듯,
경북 지역에서는 찾아보기 힘든 평지 서원이라 이채롭다.

시 집권자 흥선대원군은, 서원은 우리나라 선유先儒
에 제사 지내는 곳인데 어쩌다 도둑이 숨는 곳이 되
었느냐며 진실로 백성을 해하는 자라면 비록 공자가
살아온다 해도 용서치 않겠다고 일침을 놓고 물리력
을 동원한 강경책으로 비판에 맞섰다.

도산서원을 소개하는 사진 속에 항상 등장하는
도산서당의 익숙한 전경

철폐됐던 서원 중 상당수는 대원군 실각 후 복원

되었다.

안동을 대표하는 명소, 도산서원에 대한 소개가

고작 사진 두 컷이냐고 탓하지 마시라. 느낌으로 내

게 남은 이야깃거리가 없기 때문이다. 도산서원은

하류 쪽에 안동댐이 생기면서 낙동강의 수위가 높아진 만큼
도산서원 앞 진입공간도 흙을 다져 지대를 높여 놓았다.
흙 속에 잠긴 나무가 네 그루처럼 보여도 실은 같은 나무의
서로 다른 가지들이다. 몸통이 묻혔어도 꿋꿋하게 푸릇푸릇한
느티나무의 기개가 왠지 기특하면서도 한편 안쓰럽다.

우선 너무 넓고 복잡하고 60~70년대 성역화사업을
통해 진짜 성역이 된 듯하여 내겐 병산서원만큼 편
하지가 않다.

* 서원의 기능은 강학과 제향이며 사우는 제향만을 목적으로 한다는
  점에서 구분됐지만 조선 후기에 이르러 서원이 문벌의 위세를 드
  러내고 지역민을 수탈하는 기관으로 퇴색하면서 서원과 사우 간의
  구별이 무의미해져 모두 서원으로 통칭하는 경우가 많아졌다.

# 11.

# 퇴계의
# 소유권(?)

　도산서원에서는 천원짜리 지폐를 꺼내들고 퇴계 이황을 설명하는 공식 혹은 비공식 해설사의 모습을 흔히 보게 된다. 살짝 엿들어보면, 퇴계 선생이 벼슬을 마다하고 낙향하여 돌아가실 때까지 후학을 길러내던 곳이 도산서당이며 그보다 먼저 문을 열었던 곳은 계상서당인데 그 주변 풍경을 그려낸 그림이 바로 지폐 뒷면의 계상정거도라는 것이다. 대개는 2007년 새 지폐가 나오기 전에는 도산서원이 그려져 있었다는 부가 설명까지 덧붙여진다. 어찌됐든 널리 자주 쓰이는 천원 지폐만큼은 빈틈없는 퇴계의 영역이라는 것이다.

　이렇게 시작된 '퇴계의 위상' 특강(?)은 조선의 성리학을 퇴

출처: 영주시청 관광홍보책자

출처: 영주시청 관광홍보책자

계 이전과 이후로 구분한다는 대목에서 절정을 이룬다. 어떤 이
는 이를 수입 성리학과 조선 성리학으로 나누어 부르기도 한다.
이름이야 어떻게 붙이든, 성리학의 나라 조선 500년을 대표하
는 사상적 절대 지존이 퇴계 이황이라는 사실에 대해 최소한 안
동과 안동 일대에서만큼은 이견이 없다.

　선생은 안동(예안)에서 나고 자라고 안동에서 돌아가신 안동
사람이다. 태실과 묘소와 배향서원과 종택이 모두 안동에 있다.
퇴계학파라는 계보를 형성할 정도로 많은 제자를 두었는데 이
들 중 상당수를 도산서당 등 안동에서 길러냈음은 자명한 일이

다. 그런데 숫자로만 보면 영주 소수서원 출신 제자가 더 많다고 한다. 이 대목에서 영주는 퇴계의 소유권을 주장한다.

소수서원은 우리나라 최초의 서원인 백운동서원의 후신이자 최초의 사액서원이다. 사액賜額이란 임금이 이름을 지어 현판과 함께 하사금을 내렸다는 뜻이다. 퇴계가 풍기군수 시절 조정에 청하여 명종 임금의 친필 현판과 논밭, 노비를 하사받게 되고 백운동서원은 이때부터 소수서원이 되었다.

영주시청에서 발행한 관광홍보책자에는 퇴계의 고향을 예안으로 적으면서, 예안이 과거 순흥도호부(지금의 영주땅)의 관할이었던 사실을 강조하고 있다.

또한 영주가 퇴계학의 시원始原이 되는 근거로는 정순목의 『퇴계평전』을 출처로 하여 퇴계와 관련된 많은 유적지가 전해온다는 점을 들고 있다.

① 퇴계의 형님 온계溫溪 이해李瀣 선생과 상봉하던 죽령고개
② 처가가 있던 푸실草谷마을(초곡동)
③ 외가동네인 영천榮川고을
④ 퇴계·아들·손자까지 3대가 공부하던 제민루 의국醫局

⑤ 이산의 이산서원

⑥ 부인 허씨의 무덤

⑦ 순흥의 무쇠장이 제자 배순裴純 유적

　퇴계 선생은 물론이고 4장에서 언급한 선비 브랜드까지, 안동과 영주는 참으로 다투는 것도 많다.

　퇴계 선생을 이야기할 때 빼놓을 수 없는 명소가 바로 예던길(퇴계가 즐겨 다니던 길)이 있는 청량산이다.

　　〈청량산가〉

　　청량산 육육봉을 아는 이 나와 백구

　　백구야 날 속이랴 못 믿을손 도화로다

　　도화야 물 따라가지 마라 어부가 알까 하노라

　　〈도산 12곡〉 중

　　고인도 날 못 보고 나도 고인 못 봬

　　고인을 못 뵈와도 예던길 앞에 있네

　　예던길 앞에 있거니 아니 예고 어이리

안동과 봉화에 걸쳐있는 청량산을 기준으로 하면 봉화와도 소유권 분쟁이 생길 만하지만 다행히 봉화는 영주만큼 전투적 이지는 않다. 그래서일까? 안동의 화력(?)은 마음 놓고 영주 쪽 에 집중돼 있다.

"대한민국 아무 데서나 길을 막고 물어봐라. 퇴계가 영주사 람인지 안동사람인지…"

답이 없는 다툼이다.

# 안동의 올레길

사실 안동에는 올레길이 없다.

올레길은 제주 해안을 따라 구간별로 걷는 산책로를 말한다.
올레의 어원 또한 제주 방언에서 유래했으므로 제주 이외 지역
의 올레길은 엄밀히 말하면 유사상표다.

올레길에 해당하는 안동의 대표적인 걷기 코스는 선비순례
길이며 그중 범상치 않은 코스가 1코스다. 제주가 해안가를 걷
는 길이라면 안동은 호수를 가로지르는 길이라고 대비해 볼 수
있다.

선비순례길 1코스 13.7km(오천유적지~월천서당) 중 선성현문화
단지에서 호반자연휴양림까지 호수 위를 걷는 구간이 선성수상
길이다.

호수를 가로지르는
데크의 총연장은 1.1km이다.

데크 길이 끝나면 산길을 따라 월천서당까지 향할 수 있지만, 왔던 길을 유턴하는 사람들이 더 많다.

사진만 봐서는 호수에 비친 쑥빛 반영反影이 알프스의 어느 호숫가 같다고 감탄할지 몰라도 실제로 보면 저건 녹조다. 거의 매년 여름 반복되는 풍경인지라 더욱 안타깝다.

데크 길은 안동호의 수위 변동에 따라 뜨고 가라앉는 부잔교(뜬다리) 방식이다. 그래서 길 시작점은 물 높이에 따라 계단 길이 되기도 하고 평지 길이 되기도 한다.

# 13.

## 사대문엔
## 문이 없다

안동 사대문의 이름은 동서남북 각각에 인의예지를 더해 동
인문東仁門, 서의문西義門, 남례문南禮門, 북지문 … 이면 좋겠지만,
북문은 학지문鶴智門으로 계획했다가 어떤 연유로 사업이 취소됐
다. 대신 중문 성격의 도신문陶信門을 건립했다. 문의 명칭으로서
북을 꺼리는 것은 국가보안법과는 아무 관련이 없다.

서울의 사대문과 비교하자면, 열고 닫는 문의 기능이 없으므
로 누각에 가깝다.

1910년 일제의 읍성철거령이 있기 전까지 안동에는 530년간
자리를 지켜온 안동읍성이 있었다. 이 읍성에도 동서남북 4개의

문, 즉 사대문이 있었는데 이들과 현재의 사대문과는 위치도, 이름도, 형태도 아무 연관이 없다.

위 사대문은 모두 최근에 건립한 시설들이다. 그렇다면 안동의 사대문은 아무리 좋게 포장해도 도심과 외곽을 가르는 도로 조형물 정도로 봐야 한다.

성곽은 물론 문루까지도 현재 남아 있는 안동읍성의 흔적은 아예 없다. 여러 차례 조사와 연구를 통해, 있던 자리만을 추정할 뿐이다. 이를 토대로 지도는 그려낼 수 있지만 해당 자리는 개발이 완료된 도심 지역이라 여건상 성문 복원은 불가능하다. 현재는 4대문이 서 있던 동서남북 네 곳에 위치 표시만을 해두고 있다.

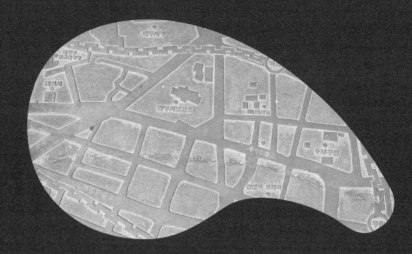

365m    570m    430m

남문 — 서문 — 북문 — 동문

## 安東 안동읍성 남문터(南門址)

안동읍성은 고려 우왕(禑王) 6년(1380) 축성(築城)되어 1910년 일본의
읍성철거령으로 인하여 해체되기 전까지 530여 년 동안 안동의 역사 ●
문화와 함께 지역의 정체성(正體性)을 지켜왔다.
남문은 태사묘(太師廟)와 객사(客舍), 관아(官衙)로 이어지는 상징적인
출입문으로써 다른 성문과는 달리 진남문(鎭南門)이라는 명칭이
있었다. 성문은 무지개 모양인 홍예(虹霓)로 출입문을 만들고 홍예틀
위에 문루 (門樓)를 올렸으며 위치는 안동농협 중부지점 앞 사거리로
전된다.

~~~지 발견된 고문헌을 살펴보면 읍성의 둘레와 성곽의 위치는
~~~ 있었다는 것으로 추측되나 2015년 안동읍성관련 연구
~~~도 지적원도를 토대로 현재의 지적도에 반영하여

① 경상북도콘텐츠진흥원 주차장과 커피 전문점 사이에 동문터가 있다. 현재는 스쿠터 전용 간이 주차장으로 활용되고 있다.

② 안동구시장 서문에서 길 건너편으로 서문터가 있다. 시장 내 찜닭골목이 동서 방향인데 서문의 위치도 같은 방향이었을 걸로 짐작된다.

③ 안동농협 중부지점 옆으로 남문터가 있다. 남문은 나머지 3개의 문과는 달리 진남문鎭南門이라는 별도의 이름이 전해지는 것으로 보아 안동읍성의 주출입구였을 것으로 추정된다. 사진의 방향이 도로(중앙문화의거리) 방향과 약간 어긋나 있는데 이 도로가 북북서 방향이라서 방위상 정북 방향으로 앵글을 잡았다.

④ 안동의료원 길 건너편 약국 앞에 북문터가 있다. 북문을 들어서면 바로 태사묘가 있었음을 알 수 있다.

# 성곽의 나라

읍성邑城은 말 그대로 마을(읍)을 지키고 다스리기 위해 쌓은 시설이다. 그러다 보니 주 기능은 방어와 행정이다. 특히 방어 목적으로 축성되기 시작했는데 방어의 대상이 주로 왜구인 탓에 해안 지역에 읍성이 많았다.

조선시대 한때는 거의 대부분의 읍에 있었다고 할 만큼 읍성이 많아서 세조 때 양성지梁誠之 같은 이는 상소문에 '우리 동방은 성곽城郭의 나라'라고 적었다는 기록까지 전한다. 일제의 강압으로 순종 때는 성벽처리위원회가 설치되었으며 1910년 일제가 강점하면서부터는 본격적인 읍성철거령을 내려 조직적으로 훼손한 탓에 현재까지 남아 있는 읍성은 동래읍성, 해미읍성, 비인읍성, 남포읍성, 홍주읍성, 보

령읍성, 남원읍성, 고창읍성, 흥덕읍성, 낙안읍성,
무장읍성, 진도읍성, 정의읍성, 경주읍성, 진주읍성,
언양읍성, 거제읍성 등 10여 곳 남짓이다. 이중 절반은 성곽의 일부만 남아 있어서 읍성이라기보다는 읍성 터라 부르는 것이 더 정확하다. 남은 읍성 중 그나마 성내에 사람이 거주하는 곳은 성읍마을이라고도 부르는 정의읍성(제주도 서귀포시 소재)과 낙안읍성(전라남도 순천시 소재) 정도가 전부다.

해미읍성, 고창읍성, 낙안읍성을 흔히 3대 읍성이라고 부르는데, 성곽만 공원처럼 남아 있는 고창읍성, 해미읍성과는 달리 낙안읍성에는 농사를 짓고 초가를 올리는 실제 농촌 사람들이 살고 있다.

다만, 하회가 그런 것처럼 언제까지 이런 풍경이 이어지리라고 장담은 할 수 없다.

고창읍성과 해미읍성엔 사람은 살지 않으나 성곽만은 온전한 형태로 남아 있다.

돌을 머리에 이고 성을 한 바퀴 돌면 다리병이 낫고,
두 바퀴 돌면 무병장수하고, 세 바퀴 돌면 극락승천한다는 민속이
고창읍성의 답성놀이다. 산성 형태의 고창읍성은 고저차가 있는 편이라
극락승천까지는 몰라도 운동 효과만큼은 무시 못 할 수준이다.

해미읍성은 수많은 신자가 박해를 받고 순교해간
천주교 성지로도 유명하다. 물론 읍성의 현재 모습은 시민공원에 가깝다.
안동읍성처럼, 주출입구의 이름은 진남문이다.

유네스코 세계문화유산으로 등재된 화성도
넓게 보면 읍성이라고 할 수 있다.

# 14.

## 자네 먼저
## 가시는고

지금 포털을 열어 한국판 '사랑과 영혼'을 검색해보시라. 원이 엄마 이야기가 나올 것이다.

워늬 아바님끠 샹빅

병슐 뉴월 초하룻날 지븨셔

자내 샹해 날드려 닐오듸 둘히 머리 셰도록 사다가 홈끠 죽
쟈 호시더니 엇디호야 나를 두고 자내 몬져 가시노

날호고 ᄌ식호며 뉘긔 걸호야 엇디호야 살라호야 다 더디
고 자내 몬져 가시ᄂ고

자내 날 향회 ᄆ오믈 엇디 가지며 나는 자내 향회 ᄆ오믈
엇디 가지런고

믜양 자내드려 내 닐오듸 흔듸 누어셔

이보소 ᄂᆞᆷ도 우리ᄀᆞ티 서로 에엿쎄 녀겨 ᄉᆞ랑호리 ᄂᆞᆷ도
우리 ᄀᆞ튼가호야

자내두려 닐터니 엇디 그런 이를 싱각디 아녀 나를 부리
고 몬져 가시눈고

자내 여회고 아무려 내 살 셰 업스니 수이 자내 혼듸 가고
져 호니 날 드려가소

자내 향회 무으믈 추승<sup>此乘</sup>(이승)니 춫즐리 업스니 아무래
션운 쁘디 ᄀ이 업스니

이 내 안룬 어듸다가 두고 ᄌ식 드리고 자내를 그려 살려
뇨 호노이다

이 내 유무<sup>遺墨</sup>(편지) 보시고 내 쑤메 ᄌ셰 와 니르소

내 쑤메 이 보신 말 ᄌ셰 듣고져 호야 이리 셔년뇌 ᄌ셰 보
시고 날드려 니르소

자내 내 빈 ᄌ식 나거든 보고 사뢸 일호고 그리 가시듸 빈
ᄌ식 노거든 누를 아바호라 호시눈고

아무려 혼들 내 안 ᄀ틀가 이런 텬디<sup>天地</sup> ᄀ튼 한이라 하늘
아래 ᄯ 이실가

자내는 한갓 그리 가 겨실 쑤거니와 아무려 한들 내 안 ᄀ
티 셜울가

그지 그지 ᄀ이 업서 다 못 셔 대강만 젹뇌

148

이 유무 주세 보시고 내 쑤메 주세히 뵈고 주세 니르소

나는 다만 자내 보려 믿고있뇌 이쏜 몰래 뵈쇼셔

흥(고픈 말이) 그지 그지 업서 이만 적소이다

　이 편지의 서체와 내용은 우리가 알고 있는 조선시대 양반가 부부에 대한 통념을 한참 뛰어넘는다. 먼저 간 배우자에 대한 절절한 사랑 표현이야 그렇다 쳐도, 언제나 함께 누워 남들도 우리처럼 서로 어여삐 여겨 사랑할까 말하곤 했다거나 이 편지 보거든 내 꿈에 나와 자세히 얘기 나누자고 하는 대목은 오늘날의 시각으로도 좀 남사스럽다. 부부가 내외하는 게 상식으로 알려진 시절에 이런 그림은 상상하기 쉽지 않다.

　더구나 자내(자네)라는 호칭을 통해 최소한 이 부부에겐 남존여비 같은 것은 없던 것으로 짐작된다. 물론 이때의 '자네'는 오늘날처럼 하대의 뜻으로 쓰이지 않고 서로 동등하게 부르는 호칭이었다지만 그동안의 상식으로는 조선시대 남녀 간에 동등만 해도 어디냐 싶다. 이 편지가 1586년에 씌었다는 사실을 생각해보자. 조선 전기까지만 해도 상속에 차별이 없었고 적어도 가정 내에서는 남녀가 동등했다고 알려져 있는데, 임진왜란 이전까

지는 실제로 그러했음을 알려주는 귀중한 사료다.

　원이 엄마의 편지는 놀랍게도 무덤 속에서 발견됐다. 1998년 안동시 정상동에서 택지조성 공사를 위해 분묘를 이장하던 중 400년 전(1586년) 31세로 세상을 뜬 젊은 남자의 미라와 함께

신발 한 켤레와 한글 편지가 썩지 않은 상태로 발견됐다. 묘의
주인은 이응태(1556~1586)였고 편지를 쓴 사람은 그의 부인 '원
이 엄마'였다(성명 미상). 그리고 신발은 원이 엄마가 머리카락을
잘라 삼과 함께 엮어 삼은 미투리 한 켤레로서 망자가 저승길에

신고 갈 유품이자 배우자가 남긴 사랑의 징표다.

이 미투리 문양에서 모티브를 얻어 만든 다리가 바로 월영교다. 그렇다면 월영교는 사랑의 다리라 할 만하다.

식구들과 매년 같은 장소를 찾는다는 친구가 있다. 같은 곳을 배경으로 1년마다 똑같은 포즈로 사진을 찍어 성장을 기록하는, 이른바 성장 사진을 찍는 것이다.

그게 부러워 우리 식구도 따라 해봤다. 장소는 월영교, 사진은 차례대로 2010년, 2014년, 2021년이다. 아이들의 성장을 확인하는 재미가 있지만 부모가 늙는 걸 함께 확인한다는 건 좀 서글픈 일이다.

원이 엄마 이야기는 안동의 자산이다. 월영교 말고도 별도의 원이엄마테마공원이 조성돼 있으며 편지 원본과 미투리는 현재 안동대박물관에 보관돼 있다. 또한 원이 엄마 이야기는 내셔널 지오그래픽NATIONAL GEOGRAPHIC 등 해외 유력지 여러 곳에 소개된 바 있다.

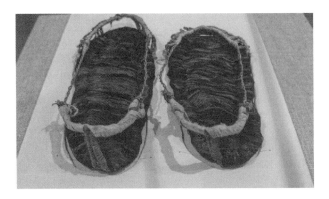

    다시 읽어봐도 놀라운 조선판 '사랑과 영혼'을 현대어로 옮겨
적는다. 글의 출처는 원이엄마테마공원 길 건너편 대구지방검
찰청 안동지청 입구에 서 있는 조형물이다.

당신 언제나 나에게 둘이 머리가 희어지도록 살다가 함께
죽자고 하셨지요. 그런데 어찌 나를 두고 당신 먼저 가십
니까. 나와 어린아이는 누구의 말을 듣고 어떻게 살라고
다 버리고 당신 먼저 가십니까.

원이네 가족의 이야기를 간직한 귀래정은
원이 아빠의 형님 이몽태의 16세손 이만용 씨가 지키고 있다.

당신 나에게 마음을 어떻게 가져왔고 또 나는 당신에게
마음을 어떻게 가져왔었나요. 함께 누우면 언제나 나는
당신에게 말하곤 했지요. "여보, 다른 사람들도 우리처럼
서로 어여삐 여기고 사랑할까요. 남들도 정말 우리 같을
까요." 어찌 그런 일들 생각하지도 않고 나를 버리고 먼저
가시는가요.

당신을 여의고는 아무리 해도 나는 살 수 없어요. 빨리 당
신께 가고 싶어요. 나를 데려가 주세요. 당신을 향한 마음
을 이승에서 잊을 수가 없고 서러운 뜻 한이 없습니다. 내
마음 어디에 두고 자식 데리고 당신을 그리워하며 살 수

있을까 생각합니다.

이내 편지 보시고 내 꿈에 와서 자세히 말해주세요. 꿈속에서 당신 말을 자세히 듣고 싶어서 이렇게 써서 넣어드립니다. 자세히 보시고 나에게 말해주세요. 당신 내 뱃속의 자식 낳으면 보고 말할 것 있다 하고 그렇게 가시니 뱃속의 자식 낳으면 누구를 아버지라 하라시는 거지요.

아무리 한들 내 마음 같겠습니까. 이런 슬픈 일이 하늘 아래 또 있겠습니까.

당신은 한갓 그곳에 가 계실 뿐이지만 아무리 한들 내 마음같이 서럽겠습니까. 한도 없고 끝도 없어 다 못쓰고 대강만 적습니다. 이 편지 자세히 보시고 내 꿈에 와서 당신 모습 자세히 보여주시고 또 말해주세요. 나는 꿈에는 당신을 볼 수 있다고 믿고 있습니다. 몰래 와서 보여주세요. 하고 싶은 말 끝이 없어 이만 적습니다.

가슴 절절한 진심은 왠지 원문이 더 와닿는다.

# 15.

# 고택의
# 하룻밤

"거기 가 봐야 볼 거 하~~나도 없더라!"

지붕 없는 박물관이라 불리는 안동으로 여행을 다녀온 사람 열에 여덟이 이렇게 말한다.

맞는 말이다. 스캔하듯이 주욱 훑고 나오면 그냥 옛집만 보일 뿐이다. 깃발 따라서 의무방어전 치르듯이 돌아 나오는 사람들에게는 당연히 아무것도 보이지 않는다.

한옥엘 갔다면 일단 마루에 앉아야 한다. 그래야 그 집 주인의 시선에서 한옥의 진면목이 보인다. 뒤로 벌렁 누워도 좋다. 누웠다가 그대로 잠들면 더 좋다. 아침까지 자게 되면 숙박이 된다.

전국의 여러 고택에서 숙박을 해봤지만 헤아려보니 안동에서 가장 많이 잔 것 같다. 수곡고택, 묵계서원, 고산서원, 임청각, 병산서원, 농암종택, 군자고와 중 가장 기억에 남는 곳은 단연

묵계서원이다.

　십년 전쯤 아이들을 동반한 세 가족이 함께 청송, 안동 지역으
로 놀러간 적이 있었는데 그때 숙소가 길안의 묵계서원이었다.

　다른 고택과 마찬가지로 이곳에서도 전기장판을 쓰지만 고
직사의 행랑채만은 여전히 군불을 때는 온돌방이었다. 세 집 중
한 가족이 행랑채에서 묵었다. 다음 날, 그 가족의 안주인께서

어젯밤엔 정말 오랜만에 편하게 잠들었다며 온돌 덕분인 것 같다고 좋아했다.

> "요 며칠 동안 밤마다 꿈자리가 안 좋았어요."
> "꿈이 어땠는데요?"
> "꿈에 빨간 게 나타나요. 그게 뭔지도 모르겠어요."
> "어젯밤엔 빨간 게 안 나왔나요?"
> "예, 어제 꿈엔 안 나왔어요."

온돌이 좋긴 좋은가보다. 사실 묵계서원 같은 '자연산' 한옥은 영주 선비촌이나 공주 한옥마을 등 숙박용으로 조성한 '양식' 시설하고는 비교 불가다.

한옥이 불편하다는 건 지니고 살 때 하는 얘기고 하룻밤 묵어가는 사람에게는 오히려 힐링 코스다. 한옥 숙박을 하게 되면 다음 날, 새소리 때론 물소리와 함께 아침의 고즈넉한 분위기를 즐길 수 있다는 점이 가장 좋다. 하회에서 안동시내 방면으로 조금만 나서면 가일이라는 마을이 나오고, 이곳에 1792년에 지었다고 전해지는 수곡고택(국가민속문화재 176호)이 있다. 에어

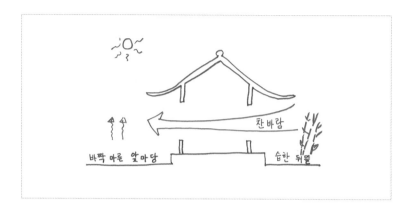

소설 『태백산맥』의 무대가 됐던 벌교 현부자네 집은 한옥 기본 양식에 일본풍의
누각을 얹었으며, 한옥과는 어울리지 않는 왜색 정원을 꾸며놓았다.

컨도 없이 모기장 속에서 시원하게 잠들었던 어느 해 여름밤이 기억난다. 수곡고택처럼 제대로 된 한옥이라면 앞마당은 풀 한 포기 없이 바싹 말라 있고 뒤꼍은 오죽烏竹 등 작은 나무나 풀이 자라고 있어서 온습도 차이로 인해 바람이 순환하게 된다. 이런 환경에서 열대야란 있을 수 없다. 모기장만 잘 갖추면 에어컨 없이도 쾌적한 여름밤을 보낼 수 있다.

그래서 제대로 된 전통 한옥의 앞마당에는 나무나 풀(떼)이 없다. 마당 가득 잔디가 깔린 한옥을 간혹 보게 되는데 이는 일제강점기 이후에 들어온 왜색 정원이다. 상형문자 閑(막을/한가할 한)과 困(괴로울 곤)을 보아서도 알 수 있듯이 우리는 마당 한가운데에 나무가 있는 집을 과히 좋게 치지 않았다.

또한 한옥의 앞마당은 아이들이 뛰어놀기에 더없이 좋은 곳이다. 아래층에서 전화 올 일이 없으니, 아이들은 답답한 아파트에서 맺힌 한(?)을 마음껏 풀 수 있다.

옛가옥, 이른바 고택은 해방 이후 줄곧 '거주하기에 불편한 구닥다리' 취급을 받다 최근에야 본래의 가치가 부각되고 있다. 여전히 그곳에 사람이 거주하는 곳도 있고 사람이 살지 않는 문

후조당의 문을 활짝 열고 바라보는
오천군자마을

화재로서 가끔 영화나 화보 촬영 때만 개방하는 곳도 있고 숙박 체험 등으로 활용되는 곳도 있다. 식사를 제공하기도 한다. 물론 이 모든 기능을 한꺼번에 갖춘 곳도 많다.

요즘엔 하회의 '락고재'나 안동댐 근방의 '구름에'처럼 꽤 세련된 편의시설을 갖춘 한옥들도 점점 늘고 있다.

'전통 리조트 구름에' 이 시설에 대해 이보다 더 정확한 설명은 없다. 한옥 고택에 편의 사양을 가미하여 먹고 잠자고 휴식할 수 있는 종합 휴양 시설을 만들었으니 딱 '전통 리조트'이다.

그런데 이 리조트는 새로 만든 것이 아닌 재활용 공간이다. 50년 전 안동댐 수몰지로부터 갈 곳 잃은 수많은 고택과 문화재가 몰려와 5만여 평에 이르는 피난가옥촌(?)을 형성하며 안동민속촌이라는 타이틀까지 달았으나, 이들은 다만 박물관 한편의 야외 전시물일 뿐이었다. 활용을 잃고 그저 퇴락해가던 옛집들이 4년간의 단장을 마치고 지난 2016년부터 이렇게나마 되살아났으니 문화재가 펜션이 됐다며 아쉬워만 할 일은 아닌 듯하다. 구름에 숙박을 생각한다면 한 가지 고려할 것은 시설이

깔끔하고 편의 사양이 충분한 만큼 가격도 일반 고택에 비해 세다는 점이다. 호텔과 모텔의 차이쯤 된다.

　리조트로 선택받지 못한 가옥들은 안동민속박물관 근방에 그냥 그대로 전시돼(?) 있다. 사용하지 않는 가옥은 퇴락하기 마련인데 이들은 지금 그렇게 돼가고 있다.

# 16.

합시다
러브

숙소로서 만족도가 높았던 묵계서원은 보백당<sup>寶白堂</sup> 김계행 (1431~1517) 선생을 배향하는 서원이다. 이곳에서 멀지 않은 곳에 선생이 즐겨 머물던 멋진 정자가 하나 있다. 만휴정<sup>晩休亭</sup>이란 이름 그대로 김계행이 말년에 낙향하여 쉬며 지내던 공간이다.

만휴정을 포함한 일대의 숲과 폭포, 계류는 한데 묶어 명승 제82호로 지정된 경승지다. 이 좋은 풍광에서 화제의 드라마 〈미스터션샤인〉이 촬영됐다. 극중 의병 집결지이면서 남녀 주인공 유진(이병헌 扮)과 애신(김태리 扮)의 이른바 '러브'가 형성되

출처:
헤럴드경제
2018년 9월 17일자

는 장소가 만휴정과 그 앞에 걸린 외나무다리다. 드라마가 종영 (2018. 9. 30.)된 지 3년이 넘었지만 인기의 여열은 여전해 보인 다. 이곳 방문객의 줄잡아 80% 이상이 20~30대 커플이다.

"합시다, 러브, 나랑, 나랑 같이"

"좋소 … 이제 뭐부터 하면 되오?"

"통성명부터"

"아, 나는 고가 애신이오. 귀하의 이름은 익히 아오. 유

진 초이, 곧 읽을 수도 있을게요.”

“최유진이오.”

…중략…

“러브가 생각보다 쉽소.”

　　이런 고풍스런 닭살 대화가 오히려 먹힌다는 사실이 새삼스
럽다. 연출의 힘이 놀랍기도 하지만 어찌 보면 이건 장소의 힘,
곧 만휴정의 힘일 수도 있겠다. 숲 사이로 숨은 듯 들어앉은 정
자, 그리고 그 앞으로 흐르는 작은 폭포가 만든 계류는 그 어떤

닭살스런 '러브' 멘트도 능히 품어줄 듯싶다.

안동에는 〈미스터션샤인〉의 무대가 됐던 정자가 한 곳 더 있다. 퇴계 선생의 예던길을 따라 농암종택에서 봉화군 접경 쪽으로 가다 보면 강 건너편으로 홀로 선 정자가 외롭다. 이름처럼 외로울 고孤, 고산정孤山亭이다. 두 주인공이 나룻배를 타던 강가의 배경이었던 건물이다.

이 일대는 사실 〈미스터션샤인〉의 무대가 되기 이전부터 가송협의 빼어난 경치와 더불어 퇴계 예던길의 역사성으로 인해 꽤나 알려진 곳이었다. 가송협은 본래 강 건너 맞은편 절벽과 붙어 있었는데 용이 내리쳐 양쪽으로 갈라놓았다는 전설*이 전해진다.

* 김종석, 퇴계 예던길, 민속원, 2018, p.75.

고산정

오천군자마을에서 가장 멋진 가옥,
탁청정 빈틈없이 단단하고 작지만 당당하다.


이 밖에 널리 알려진 안동의 정자로는 삼산정, 탁청정, 귀래
정, 군자정, 옥연정(옥연정사), 광풍정, 애련정, 백운정, 수운정,

귀래정

정자의 고장 봉화를 대표하는 닭실마을 청암정

선유정, 학산정 등이 있다.

원이엄마 이야기로 유명한 귀래정은 본래 낙동강을 굽어보는 벼랑 위에 자리했으나 택지 개발과 도로 개설에 따라 도로 남쪽으로 10미터가량 이설했다. 그 바람에 귀래정 경내에 있던 500년 된 은행나무가 졸지에 담장 밖에 서게 됐다. 나무를 상대로 집과 담장이 오프사이드<sup>off side</sup> 트랙을 구사한 셈이다.

참고로 안동 옆 동네 봉화는 전국에서 정자가 가장 많은, 자칭 '정자의 고장'이다. 104곳이 있다고 전해진다.

# 카메라이자 피사체

정자亭子는 자연 경관을 감상하면서 한가로이 놀거나 휴식을 취하기 위하여 주변 경관이 좋은 곳에 아담하게 지은 집을 말한다. 사전(표준국어대사전)에 따르면, '경치가 좋은 곳에 놀거나 쉬기 위해 지은 집. 벽이 없이 기둥과 지붕만 있다'고 정의된다. 이처럼 정자의 용도를 한마디로 말하면 '놀거나 쉬는 집'이라고 할 수 있다.

정자의 뜻, 유래, 범위, 형태 등을 살펴보기에 앞서 정자의 기능과 용도에 좀 더 주목해보자.

정자는 경관을 감상하는 장소다. 하지만 대개의 사람들(특히 관광객)이 정자에 앉아 풍경을 내려다보기보다는 주로 정자 자체를 올려다본다. 이때 정자

(차례로) 병암정(예천 용문 소재)에서 내려다본 연못과,
연못에서 올려다본 병암정

는 감상의 대상이 된다. 그러므로 정자는 전망대이자 곧 관람물이고, 카메라이자 곧 피사체이다.

이런 얘기를 만들어 낼 만한 사람은 우리나라에 몇 정해져 있다. 그중의 한 사람이 바로 이어령이다.* 정자의 특성을 쌍방향 시점으로 파악하고 Inter 가 바로 정자 시점이라고 파악한 것은 이어령만의 독특한 시각이다.

… 산업사회에서 지식정보사회로 향하는 이 시대에 무엇보다도 필요한 것은 정자 공간이라고 한마디로 압축할 수 있습니다.

정자 공간의 시점이란 이중성, 복합성 쌍방향성 같이 상호 간에 교환 가능한 겹시각을 나타내는 시점입니다. 고려 때의 시인 이규보는 사륜정기四輪亭記라는 글에서 정자의 특성을 정의해 "사방이 탁 트이고 텅 비고 높다랗게 만든 것"이라고 했습니다.

정자 시점의 첫 번째 특성은 이렇게 사방으로 열려진 개
방성이라고 할 수 있습니다.

정자가 한쪽에서만 바라보는 것이 아니라 양쪽에서 봐도
다 같이 아름답게 바라보이도록 꾸며진 건축물이라는 점
입니다. 이를테면 쌍방향 시점이라는 데 그 특성이 있다
는 이야기이지요. …중략… 정자는 바라보는 역할만이
아니라 바라볼 수 있도록 만들어진 피사체이기도 한 것

입니다.

보고 보이는 쌍방향의 시점 교환을 가능하게 한 정자공간
이야말로 원근법을 낳은 서구의 일방통행적인 단일 시점
과 다른 점이라고 할 수 있습니다.

인터넷이니 인터랙티브니 인터페이스니 요즘 유행하고
있는 INTER가 바로 정자 시점입니다.

그러므로 정자는 피사체로 한 번, 카메라로 한 번
활용해야 그 용도가 제대로 기능하는 것이다.

우리나라에 정자가 몇 개나 될까? 짐작하기가 쉽
지 않지만 나무와 기와를 활용해서 만든 한옥 양식
의 문화재만 해도 수백 채에 이를 것이다. 도시 농촌
을 안 가리고 어디에나 있는 간이 정자, 그러니까 콘
크리트로 만든 휴식 공간에 현판 하나 붙여놓은 곳
까지 합하면 아마 만 개는 넘을 것이다. 모르긴 해도
전체 숫자를 파악해놓은 집계는 없는 것으로 안다.

형태는 네모난 장방형이 가장 많고 육각형, 드물게는 칠각형, 팔각형(황궁우)이 있다. 정형을 벗어난 이형으로서는 ㄱ자형(활래정), 아亞자형(부용정), 부채꼴 등이 있다.

기와지붕에 마루바닥과 난간을 두고 벽이 없이 개방한 형태가 보통이지만, 드물게 초가지붕(청의정)도 있고 문으로 막아놓은 형태(향원정)도 있다. 특히 안동 지방엔 문을 두르고 팔작지붕을 얹은 가옥 형태의 정자가 주를 이룬다.

20세기에 지은 것들 중엔 콘크리트 골격 위에 슬레이트 한 판으로 만든 기와를 얹고 장판 바닥을 깐 후 유리로 마감한 곳도 있다.

정자는 삼국시대에 궁궐 정원과 함께 시작된 것으로 추정되며 궁궐, 절, 향교, 서원, 주택에 부속된 독립 건물의 형태로 대개 물을 바라보는 장소에 건립된다.

ㄱ자형 건물 강릉 선교장의 활래정

연꽃잎을 닮은 아자형 건물 창덕궁 후원의 부용정

초가지붕을 얹은 창덕궁 후원의 청의정

　이름은 정亭, 당堂, 헌軒, 루樓, 대臺, 정사精舍 등 형태
와 용도에 따라 다양하지만 대체로 구분 없이 혼용
되고 있다.

---

**\*** 이어령, 흙 속에 저 바람 속에, 문학사상사, 2003, pp.286~291.

17.

# 탄생이 아니고
# 출생이라

踏雪野中去
不須胡乱行
今日我行跡
遂作後人程

豊川盧俊宇出生紀念 丙戌筆夏 河東散人 ☐☐ 友川

눈 덮인 들길 걸어갈 제

발걸음 함부로 내딛지 마라

오늘 내가 남긴 발자국은

훗날 뒷사람의 길이 될지니

서산대사가 지었다는 선시禪詩로서
백범 김구 선생이 남북연석회의 참석
차 3·8선을 넘을 때 읊으면서 널리 알려졌고 오래전 모 증권회
사가 TV 광고에 인용하면서 더욱 유명해졌다.

안동독립운동기념관 수주 업무차 사흘이 멀다 하고 안동을 드
나들던 무렵, 하회 하동고택으로 소문난 명필 한 분을 찾아뵀던
적이 있었다. 이때가 2006년 초여름 무렵인데 같은 해 봄에 태
어난 아들 준우에게 뜻깊은 선물을 남겨주고 싶어서였다.

"어르신, 제게 올해 태어난 아들이 하나 있는데 탄생 기
념으로 어르신의 글을 선물하고 싶습니다."

"탄생이 아니고 출생이라."

"예 명심하겠습니다."

후에 사전을 찾아보니 탄생과 출생은 뜻이 조금 달랐다.

탄생: 귀한 사람이나 높은 사람의 태어남을 높여 이르는 말

출생: 사람이 세상에 태어남

겸손하라는 말씀이셨다.

아들 준우가 선구자의 마음으로 살길 바라며 서산대사의 유
명한 선시를 부탁드렸더니 일필휘지에 낙관까지 찍어주셨다.
어르신의 호가 우천友川인 것은 그때 처음 알았다.

우천 류단하 선생. 당시 연세가 아흔셋이었고 몇 년 뒤에 돌
아가셨다. 이 분이 바로 유서 깊은 하동고택河東古宅의 주인이셨
는데 이 집은 하회의 동편에 있다 하여 붙여진 이름이다.

조선 후기(1836년)에 지어진 하동고택은 현재 국가민속문화재
177호로 관리되고 있으며 현재도 故 유단하 선생의 따님이 거
주하고 계신다. 본래 식사도 가능했으나 하회가 세계유산으로

지정된 이후 식당은 마을 바깥에 별도의 하회장터를 마련하고 이곳에서만 영업하도록 하고 있다. 식당의 이름도 하동고택이다. 안동찜닭과 간고등어가 한 상에 나오는 세트메뉴가 먹을 만하다.

류단하 선생을 생각하면 함께 떠오르는 이름이 있다. 류시태柳時泰.

일제강점기 의열단원이자 해방 후 같은 의열단원이었던 김시현과 함께 이승만을 저격했던 인물이다. 참고로 김시현은 영화〈밀정〉에서 김우진(공유 扮)을 떠올리면 이해가 쉽다. 김시현은 일명 '황옥黃鈺 경부 폭탄 사건'에 연루되어 18년 7개월의 옥고를 치르다(함께 피체됐던 류시태는 7년) 1945년에 광복을 맞게 되고 1950년에는 민주국민당 후보로 고향인 안동에서 민의원(국회의원)에 당선된다. 이후 1952년 이승만 대통령 암살미수사건으로 체포된 김시현은 4·19 이후 형집행정지로 풀려날 때까지 또다시 옥살이를 하게 된다. 이승만 암살미수사건의 배후가 김시현이라면 실행은 류시태였다. 이 대목을 한 책자에서 옮겨본다.*

> 6·25전쟁이 한창이던 1952년 6월 25일, 임시수도 부산의 충무로 광장에서는 시민과 군장병, 주한 외교관 등 6천여명이 참석한 가운데 '6·25 2주년 기념식 및 북진촉구 시민대회'가 열리고 있었다. 오전 10시 50분께 이승만 대통령의 연설이 중간쯤에 이르렀을 무렵 단상 귀빈석에 앉아 있던 엷은 회색 양복 차림의 예순 살쯤 돼 보이는 한 노인이 갑자기 연단을 향해 뛰어나갔다. 연단 3m까지 접근한 이 노인은 대통령 등 뒤에 독일제 엘필트 권총을 겨누

---

* 한겨레신문사, 발굴 한국현대사 인물2, 한겨레출판사, 1992, pp.63~68.

고 방아쇠를 당겼다. 그러나 두 번 세 번 방아쇠를 당겨도 총알은 발사되지 않았고 윤우경 치안국장 등 경호 경찰들이 달려들면서 노인은 무초 미국대사 바로 뒤에 쓰러져 현장에서 체포됐다. 범인의 신원은 곧 밝혀졌다. 유시태(62), 대구 출신으로 일제 때 의열단원으로 활동하다 체포돼 7년 남짓 옥살이를 한 항일투사였다. 다음날인 26일 이범석 내무장관은 유씨의 배후조종 인물로 국회의원 김시현(70) 씨를 체포했다고 발표하여 세상을 더욱 놀라게 했다. … 중략… 전기 원고에는 당시 김시현이 품었던 생각이 분명하게 드러나 있다. 현재 아들 봉년 씨가 보관하고 있는 이 원고를 보면 김씨는 이 대통령을 제거하고 내각책임제 개헌추진 의원들과 힘을 합쳐 내각책임제를 관철하는 한편 이시영 부통령을 대통령으로 옹립해 명실상부한 민주애족·민족통일 지향적 정부를 수립하려는 뜻을 품었던 것으로 나타나 있다.

이 원고에 나와 있는 김시현과 유시태의 대화 한 토막.

출처: 이기환 기자의 흔적의 역사
연단의 이승만 대통령 뒤에 총을 든 인물이 류시태 선생

"맹자도 살인한 자는 왕이 될 수 없다고 했듯이 사람의
생명을 빼앗는 것이 좋은 일은 아니야. 그러나 그대로 두
면 수많은 백성과 애국자가 죽게 되니 그대로 결행하세."
"한번도 진실한 애국자가 되어 본 일이 없는 그이니 이
번에 자기의 생명을 내어놓음으로써 비로소 한번 애국자
노릇을 하라고 하지."

김시현은 평생의 동지인 유시태를 데리고 국회의원 신분을
내세워 유씨의 중절모 속에 권총을 감춘 채 식장으로 들어갔지

만 총알이 불발되는 바람에 뜻을 이루지 못했다. 이 대목에서 조금 엇나가는 얘기긴 하지만 광복 후 17년이 흐르도록 독립유공자는 이승만, 이시영, 장제스 3명뿐이었다니 놀라울 뿐이다. 김구, 윤봉길, 안중근, 김좌진, 안창호, 김창숙 등은 모두 1962년에야 독립유공자로 추서됐다.

　류시태는 류단하 선생께는 숙부*가 되는 분이다. 류단하 선생은, 일생을 독립운동에 몸 바친 숙부께서 이 사건으로 인해 '정부 포상심사기준 미달'로 독립유공자 서훈조차 받지 못하고 있다며 눈물을 보이셨다. 그리고 세로쓰기로 적어 내려간 오래된 원고지 한 뭉치를 꺼내 보여주셨다. 류시태의사의 건국공로표창신청서로 원고의 내용은 다음과 같다.

　　　총무처장관 귀하
　　　건국공로훈장 신청에 관한 건
　　　본적 안동시 풍천면 하회동 682
　　　의열단원 류시태(일명 시영)

* 이 기억은 완전하지 않다. 누구처럼, 우리는 기억 앞에 겸손해야 한다.

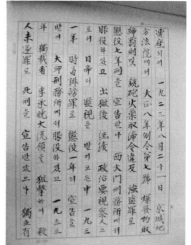

1890년 1월 7일생

사실

위의 사람은 1922년에 있었든 항일독립단체인 조선의열
단원으로서 동 사건에 연좌되어 1923년 8월 21일 경성지
방법원에서 대정8년(1919년) 제령 제7호 폭발물 취급 벌
칙 및 총포화약 취급령 위반 강도죄로 징역 7년형을 선고
받아 서대문형무소에서 복역하였고 출옥 후 계속 정치요
시찰인으로서 일제의 감시를 받아오든 중 1931년 시국비
방죄로 징역 1년의 선고을 받아 대구형무소에서 복역하였

고 1953년 독재자 이승만 대통령을 저격하여 살인미수죄
로 사형을 선고받았으나 독립유공자라는 이유로 무기형으
로 감면되어 대구, 마산, 전주 형무소에서 복역 중 4·19 학
생의거로 신생 제2공화국 탄생에 즈음하여 국사범 제1호
로 석방되었다. 동 의사는 3회에 걸쳐 전후 16년 동안 옥고
을 치른 유수한 항일독립 민주수호의 애국투사였으나 그
여독으로 고생 중 광복을 맞이한 혜택도 받지 못하고 15대
조 선산인 경북 군위읍 외량동 재궁에서 1965년 2월 16일
쓸쓸히 일생을 맞았다. 그 후 독립유공자표창이 있다기에
1971년 9월 28일자 총무처 접수 127호로 별지와 여히 건
국공로훈장 신청을 하였는데 25년이 경과한 지금까지 소
식이 없음은 심히 유감으로 생각합니다. 역대 정권은 물
론이오 특히 문민정부 출범 후 국가시책으로 산재한 비등
안건을 색출하여 독립만세 한 번 부른 사람들도 빠짐없이
표장을 받고 광주항쟁사건 등 반민주사건 등도 사실을 규
명하여 민족정기를 바로 잡는 이 마당에 세상을 놀라게
하고 경종을 울인 양대 사건 관련 사실이 제반 자료로 명
명백백한 위의 애국투사에 대한 표창이 건국 50년이 된

오늘까지 없음은 건국공로자 표창 제도의 취지에 위배되
고 또 형평의 원칙에도 어긋난다고 사료되오니 금년 삼일
절 또는 광복절에는 기필 표창하여 지하의 영령에 보답하
고 잔미무력한 유가족의 원한을 풀어주시기를 고대합니
다. 끝으로 표창이 안 될 경우에는 그 이유를 서면으로 상
세히 회답하여 주시면 감사하겠습니다.

신청인 유족대표 차남 류덕하 올림

기억이 맞다면 류덕하, 류단하 선생은 사촌 간이다.

이제라도 류시태, 김시현 등이 독립유공자로 추서되어, 故 류
단하 어르신의 눈물 어린 소원이 지하에서라도 이루어지길 소
망한다.

18.

아싸, 한 끗발!

위: 봉정사 극락전    아래: 부석사 무량수전

우리나라에서 가장 오래된 목조 건물은 단연 봉정사 극락전이다. 고려 공민왕 때인 1363년에 고쳐 지었다고 전한다. 봉정사 극락전에서 중수상량문이 발견되어 이 사실이 알려지기 전까지 최고最古의 목조 건물은 '그 유명한' 부석사 무량수전이었다(1376년 중건). 둘은 650년을 넘나드는 세월에서 겨우 13년 차이다.

안동을 사랑하는(?) 누군가의 입에서 이런 소리가 나왔을 법하다. "아싸, 한 끗발!"

하지만 이것은 중건 연대이고 그보다 앞서 언제 건립됐는지는 기록이 없어 알 도리가 없다. 그렇긴 해도 기록상 봉정사 극락전의 중수 연대가 부석사 무량수전보다 앞선 것은 틀림없다. 두 건물 모두 알려진 중수 연대보다 약 100년 정도 앞서서 건립됐을 것으로 추정하므로 사실 누가 형인지는 장담할 수 없다.

봉정사에는 극락전 외에 대웅전을 별도로 갖추고 있는데 두 건물 모두 국보로 지정돼 있다. 이 밖에도 봉정사에는 6점의 보물이 더 있다(화엄강당, 고금당, 영산회상벽화, 목조관음보살좌상, 영산회괘불도, 아미타설법도).

봉정사가 대사찰이 아닌 것을 감안하면, 스님들이 거주하는 요사채(무량해회)를 제외하고 봉정사의 모든 전각이 국보 아니면 보물이라고 해도 크게 틀린 말은 아니다.

이렇듯 많은 문화재를 보유하고 있다지만 그렇다고 봉정사가 해인사, 화엄사, 부석사 등 유명 관광지 급의 대중적인 인지도를 지닌 사찰인 것도 아니다. 굳이 표현하자면 '찐팬'이 많은 사찰이랄까? 유튜브를 비롯한 다양한 SNS 채널에 접속하면, 찐팬

들이 봉정사의 특별한 아름다움을 극찬한 말과 글과 영상을 어렵지 않게 찾아볼 수 있다. 여기에 나도 한마디 보태고 싶다. 봉정사에 대한 나의 헌사는 '단정하고 소박한 위엄'이다.

헌사만 했지 아직 유튜브에 올린 것은 없다.

봉정사 창건설화로는 다음과 같은 이야기가 전한다.

부석사를 창건한 의상대사가 부석사가 자리한 봉황산에서 종이로 봉황을 접어 날렸고 그 봉황이 날다가 머문 곳에 절을 짓고 봉이 머물렀다는 뜻으로 봉정사鳳停寺라 이름을 지었다는 전설이다.

전설은 은유다. 이 이야기는 부석사에서 화엄종을 수립한 의상이 안동 지역에 새 거점을 마련하기 위해 봉정사를 지었다는

“ 듣는 안동

출처: 다음영화

206

사실을 전하고 있다.* 이래저래 봉정사와 부석사는 연관이 깊기도 하다.

영화 〈달마가 동쪽으로 간 까닭은〉에서 극 중 혜곡 스님이 머무는 한적한 산사가 인상적이었는데 영화의 무대가 됐던 바로 그 장소가 이곳 봉정사 영산암이다. 영산암은 그 후 영화 〈나랏말싸미〉에서 극 중 신미 스님(박해일 扮)의 거처로도 나온 바 있다.

『나의 문화유산답사기』에 따르면 영산암까지 다녀와야 봉정사 답사의 제맛을 알게 된다고 하니 기왕 봉정사에 갔다면 뒤편 산자락으로 100미터 정도 발품을 팔아볼 만하다.

* 배영동 외, 안동문화로 보는 한국학, 알렙, 2016, p.280.

그런데 영산암에 한 가지 불만이 있다.

한옥은 건물 자체도 중요하지만 건물과 건물, 혹은 건물과 사이 공간(마당)이 이루는 균형과 조화에서 그 공간만의 고유한 건축언어를 찾을 수 있다고 알려져 있다. 그래서 집을 지은 사람의 의도와 건축언어를 이해하려면 툇마루에 앉아 그 집 주인, 즉 사용자의 시각에서 공간을 바라봐야 한다고들 한다.

또한 목조로 지은 한옥은 사람이 사용하지 않으면 급격히 퇴락하여 결국 그 자리에 '폭삭' 자연으로(?) 돌아가 버린다고 한다.

이런 측면에서 문화재 보호 명목의 '들어가지 마세요', '올라가지 마세요'까진 어떻게든 이해한다고 쳐도 '걸터앉지 마세요'는 사실 과유불급이다. 너무 나갔다.

중생을 대하는 사찰의 정서로 봐도 맞지 않는다.

나무관세음보살!

봉정사를 나와 안동시내 방면으로 가는 길에 속칭 제비원 미륵으로 통하는 이천동석불상이 있다. 정식 문화재 명칭은 안동 이천동 마애여래입상(보물 제115호)이다. 여기가 바로 성주의 본

성주의 본향 제비원 미륵 주변으로
소나무 군락이 보인다(2005년).
사진 속의 도로는 2010년부터
제비원솔씨공원이 되면서 남쪽으로 옮겨졌고
2021년 현재는 공원 주변으로
소나무도 더 많이 심어 울창해졌다.

향 제비원이다.

성주란 집(건축물과 가정)의 길흉을
다스리는 수호신, 즉 가신家神이다.
집을 새로 짓거나 이사를 하면 으레
성주께 복을 빌게 되는데 이를 성주굿이라고 한다. 성주신이 하
늘에서 안동 제비원으로 내려온 이후 펼친 역사를 무당이 성주
신을 대신하여 인간에게 전달하는 내용을 담고 있다. 성주굿을
드릴 때면 먼저 민요 형태의 성주풀이를 서설序說처럼 노래한다.

성주풀이는 이처럼 무당이 성주굿을 할 때 부르는 일종의 무
가巫歌이지만, 굿과는 관계없는 지신밟기 등을 할 때에 노동요처
럼 부르는 민요이기도 하다. 민요를 넘어 성주풀이라는 이름의
대중가요로서 히트하기도 했다. 낙양성 십리허에 높고 낮은 저
무덤은 영웅호걸이 몇몇이며 절세가인이 그 누구냐 우리네 인

제비원솔씨공원

생 한번 가면 저 모양이 될 터이니 에라 만수 에라 대신이야 이
노래는 요즘에도 TV 음악 프로그램을 통해, 혹은 민요처럼 혹
은 대중가요처럼 국악인과 가수들이 자주 불러 귀에 익숙하다.
무가이자 민요인 성주풀이에는 아래와 같은 가사가 나온다.

성주의 근본이 어드메뇨

경상도 안동땅 제비원이 본일레라

제비원의 솔씨 받아

공동산(혹은 봄동산)에 던졌더니

그 솔이 점점 자라나서

황장목이 되었구나

돌기둥이 되었네

낙락장송이 쩍 벌어졌구나

이처럼 안동땅 제비원이 성주의 근본이라는 가사는 경상도
타지역은 물론이거니와 전라도, 충청도, 경기도, 황해도, 강원
도, 함경도와 바다 건너 제주도를 막론하고 전국 공통이다. 성
주굿에 관한 한 안동은 신앙의 메카Mecca인 것이다. 각 지역별로

전승되어 온 민요가 이처럼 예외 없이 특정 어느 지역이 근본이
라며 공통적으로 노래하는 경우는 성주풀이가 유일하다.

성주신앙은 불교가 이 땅에 보편화되기 이전부터 성행했던
토착신앙으로 추정하는데, 그렇다면 안동은 '정신문화의 수도'
훨씬 이전에 '성주신앙의 수도'였던 셈이다.

# 19.

# 유물 없는 박물관

"디지털박물관도 박물관이다."

"정답입니다."

2009년 3월 5일 박물관 및 미술관 진흥법 일부 개정이 있
었다.

제2조 제3호 중 "유형적 증거물로서 학문적·예술적 가치
가 있는 자료를"을 "유형적·무형적 증거물로서 학문적·
예술적 가치가 있는 자료 중 대통령령으로 정하는 기준에
부합하는 것을"으로 한다.

같은 해 11월 5일 '유물 없는' 전통문화콘텐츠박물관은 제1종
등록박물관이 되었다. 박물관 자료의 정의가 바뀐 것이다. 개정
전문을 살펴보자.

"박물관자료"란 박물관이 수집·관리·보존·조사·연구·전시하는 역사·고고·인류·민속·예술·동물·식물·광물·과학·기술·산업 등에 관한 인간과 환경의 유형적·무형적 증거물로서 학문적·예술적 가치가 있는 자료 중 대통령령으로 정하는 기준에 부합하는 것을 말한다.

이제부터는 무형의 것이라도 전시 유물로 인정한다는 뜻이다.

지난 2007년 9월 1일 개관한 전통문화콘텐츠박물관은 유물이 한 점도 없는 박물관이다. 당시 관련법(박물관 및 미술관 진흥법)에 따라 제1종 종합박물관이 되려면 전시실 100㎡ 이상에 전시 자료 100점 이상을 갖추어야 했다(제2종 전문 박물관은 전시실 82㎡ 이상에 전시 자료 60점 이상). 그러므로 콘텐츠박물관은 박물관이라 자칭할 수는 있어도 제1종 혹은 제2종 등록박물관은 될 수 없었다. 그러던 것이 법 개정을 통해, 경상북도에 등록된 당당한 제1종 종합박물관이 된 것이다. 전통문화콘텐츠박물관을 위한 원 포인트 개정이었던 셈이다. 이 위세 높은 박물관을 찬찬히 살펴보자.

· 이름: 전통문화콘텐츠박물관(Traditional Cultural Contents Museum)

· 위치: 경북 안동시 서동문로 203(동부동) 문화공원 내

· 개관: 2007년 9월 1일

· 박물관 등록: 2009년 11월 5일(경상북도 제2009-4호)

· 규모: 전시 면적 280여 평

· 구성: 디지털 전시·체험관, 입체영상관, 특별기획전시실

· 입장료(성인 기준): 3,000원

· 관람 시간 및 개관일

 - 09:00~18:00(월요일, 1월 1일, 설날, 추석 휴관)

· 문의: (054)843-7900

· 홈페이지: www.andong.go.kr

바다하고 멀찍이 떨어져 있는 안동서 생선은 억수로 귀했니데
이. 이동수단이 발달하지 안해가꼬 동해 강구에서 새박에 출발
해도 날이 어두워야 황장재를 넘고 신촌이라카는 말에 다다랐
거든요. 담날 새박에 길 나서가 임동 첫거리, 안동자꺼정 가꼬
가야 고딩어를 넘길 수 있었다카이끼네 얼마나 귀했니꺼. 그래
가꼬 이런 말이 있자니꺼 고딩어도 안동 오므 유세하니데이.
그만큼 귀했다카이끼네 그게 바로 안동간고딩어시더.

박물관의 첫 번째 코너, '클릭! 옛 소리'의 사투리 부스에서 재
밌는 안동 껑꺼이를 들으며 관람을 시작한다. 안동소주, 안동식
혜, 안동포, 안동간고등어, 안동찜닭 등 안동 자후를 붙인 고유명
사가 유달리 많은 중에 안동은 사투리조차도 안동 껑꺼이라는
별도의 이름을 갖고 있다. 안동 사투리는 같은 경상도 내에서도
확연히 구분될 만큼 독특한데, 일명 '니껴체'라고 불리는 안동
사투리의 발음 특성에 착안한 별칭이 바로 안동 껑꺼이다.

전통문화콘텐츠박물관은 표준 동선 없이 자유관람 방식으로
구성한 전시 공간에 안동의 유무형문화재와 천연기념물, 인물
과 전설, 유교 공동체의 정서와 행동윤리를 간접 체험하게끔 꾸

며놓았다. 이 박물관엔 유물이 한 점도 없다. 그 흔한 사진 출력물 하나 없다. 그럼에도 제1종 등록박물관이다. 없는 유물을 과연 어떻게 연출했을까?

가상현실(VR), 실감형 라이드 영상(4D), 합성 영상(크로마키), 다면 영상, 슬라이딩 비전, DDR, 퀴즈 부스 등 다양한 영상 매체가 총동원된다. 그래서 내건 박물관의 모토는 얼마나 그럴 듯한가?

'전통문화와 첨단 디지털 기술이 탄생시킨 국내 최초의 디지털 박물관'

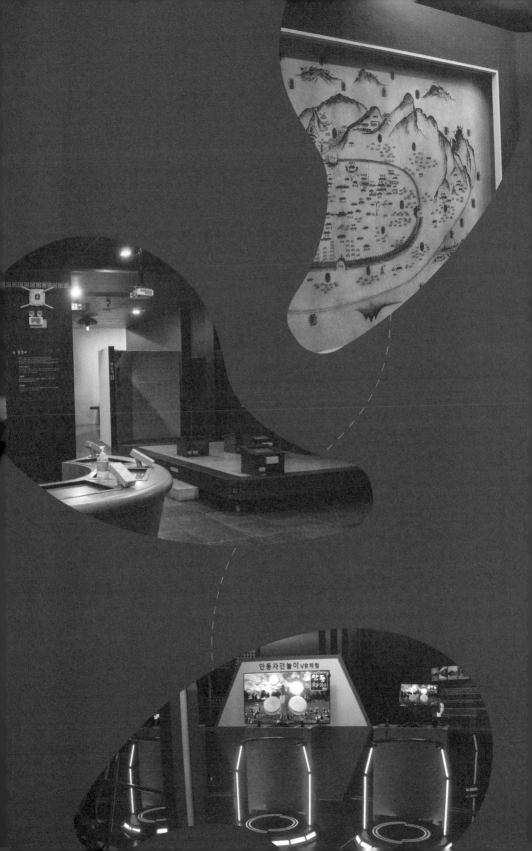

　　전통문화콘텐츠박물관은 그 이름 속에 자신의 정체성과 함께 앞날에 대한 고심이 담겨 있다. 없는 유물을 디지털 매체로 전시하겠다는 착안은 훌륭했으나 꾸준한 유지는 물음표이다. 첨단의 기준은 나날이 높아가는데 그 눈높이에 맞춰 전시 시설(매체)을 계속 업데이트하는 것은 예산 문제로 쉽지 않은 일이기 때문이다. 이래서 선구자는 외로운 거다. 1호의 고심이 깊다.

# 박물관의 창

책 속에 길이 있다면 박물관에는 창이 있다.

그 창을 통해 세상을 들여다보자.

… 그런데, 책 속으로 길이 뚫린 게 아니듯 실제 박물관에는 창이 없다.

세상을 보는 창답게, 박물관의 전시 소재에는 제한이 없다. 사람이 생각할 수 있는 모든 것은 박물관의 전시 소재가 될 수 있다. '박물관=골동품'이라는 선입견으로는 역사박물관과 민속박물관만 보이지만 세상에는 이외에도 별별 희한한 박물관이 다 있다. 희한한 박물관 관계자분들께는 자칫 실례가 될 수도 있겠으나 선의의 표현이니 널리 양해해주시기 바란다. 앞 장에서 살펴본 것처럼 심지어 유물이 없어도 박물관이 된다.

우리나라 대표 박물관인 국립중앙박물관

전시 소재로는 미술 작품과 역사·민속 유물이 가장 많고 그 밖에 기계와 도구, 과학 원리, 자연 현상, 동식물, 식음료, 생활 용품, 기호품, 취미 수집품, 지역 특산품, 인물, 사상, 스포츠, 경제 활동, 미래 세상 등 그야말로 무한정이다. 수학, 심리학, 종교, 무용, 영화 등 학문과 사상, 공연 예술 자체는 전시 소재가 될 수 없지만 그것을 기록한 출력물, 음원, 영상물

등 유무형의 것을 보여주고 들려주는 모든 형태는

박물관이 될 수 있다. 해외에는 사체死體박물관, 반종

교박물관 등도 있다는데 직접 관람하지는 못했다.

한마디로 '당신이 무엇을 상상하든' 그건 곧 박물

관이 된다.*

우리나라에는 박물관이 몇 개나 있을까?

2020년 1월 1일을 기준으로 전국의 등록박물관은

1,164 곳이다(박물관897+미술관267). 등록하지 않은 박

물관이 또 이만큼 있을 것으로 짐작되므로 박물관은

2,300여 곳을 헤아릴 것으로 추정된다.

명칭으로는 어디까지가 박물관일까?

소재에 없던 제한이 이름에라고 있겠나? 박물관,

미술관, 자료관, 사료관, 유물관, 전시장, 전시관, 향

토관, 교육관, 문서관, 기념관, 보존소, 민속관, 민속

촌, 문화관, 예술관, 문화의 집, 야외 전시 공원 및 이

와 유사한 명칭과 기능을 갖는 문화시설은 모두 박

국립대구과학관의 닥터피시<sup>Dr. Fish</sup> 체험 코너

물관이다(박물관 및 미술관 진흥법 제5조). 이 밖에 과학

관, 역사관, 홍보관 등도 통칭 박물관으로 부른다.

　박물관에서는 어떤 일을 할까, 그리고 그 일은 누

가 할까?

　박물관 일 혹은 전시 일을 하는 사람을 박물관 관

련 종사자라고 본다면, 이들은 크게 '박물관을 만드

는 사람'과 '박물관을 운영하는 사람'으로 구분할 수

있다.

박물관을 만드는 사람이란 전시산업에 종사하는 사람을 말하는데 전시 디자이너, 전시 기획자 등으로 불린다.

박물관을 운영하는 사람이란 박물관이 직장인 사람으로서 통상 학예사라고 부르며 전시, 보존, 연구, 교육 업무를 수행한다.

이렇듯 박물관은 우리 생활 가까이에 참 많이도 있고, 하는 일도 그리 단순하지가 않다.

박물관에 대한 일반의 인식은 긍정적인 면과 부정적인 면이 함께 한다. 긍정적으로 인식하는 사람도 있고 부정적으로 인식하는 사람도 있는 것은 분야를 막론하고 대단히 자연스러운 현상이지만, 놀랍게도 박물관에 대해서는 한 사람이 긍정, 부정 두 가지 인식을 모두 가지고 있다. 대체로 대외적으로 긍정적이고 속으로는 부정적이다.

| 구분 | 내용 | | 역할 | 지향 영역 |
|------|------|------|------|-----------|
| | 정의 | 종류 | | |
| 전시 | 전시물의 가치를 관람자에게 전달 | · 상설 전시<br>· 기획 전시 | 고유 기능 | 박물관 내부 |
| 정리 · 보존 | 전시 자료를 모으고 보존 | · 수장<br>· 정리<br>· 제작/교환 | | |
| 조사 · 연구 | 전시에서 학문적 성과를 추출 | · 발굴/학술조사<br>· 매체, 보존 기술 등 연구<br>· 전시 효과 조사 | 부가 기능 | |
| 교육 | 전시 영역을 외부로 확대 | · 강연회/세미나/ 문화학교<br>· 회원제 운영<br>· 출판 | | 박물관 외부 |

처음 만난 사람에게 전시 회사 명함을 건네면 대부분 무슨 일을 하느냐고 먼저 묻는다. 박물관에 전시 시설을 설치하는 회사라고 답하면 거의 대부분 "문화 사업을 하시네요"라는 반응을 보인다. 이처럼 박물관 일을 하는 것은 품격 있는 분야에 종사하는 것이라고 대체로 인정해 준다. 사람들은 내가 사는 동네에는 납골당, 쓰레기 소각장, 보육 시설이 들어오면 절대 안 된다고 목소리를 높이지만 전국 어느 지역에서도 박물관 건립을 반대한다는 플래카드가 걸린 적이 없는 걸 보면 박물관이 집단적인 거부 NIMBY의 대상이 아닌 것만은 확실한 것 같다. 더 나아가 박물관을 적극 유치하거나 아예 고장의 정체성으로 삼으려는 지자체까지도 많이 생겨난 상황이다. 강원도 영월군은 지역특화발전특구에 관한 규제특례법에 따른 박물관 특구이다. 다른 지자체가 복숭아 특구, R&D 특구를 외칠 때 영월은 박물관을 택한 셈이다. 이처럼 영월은 일찌감치 박물관 도시를 천명하고 박물관 건립에 적극 힘써서, 2021년 11월 현재 22개의 박물관을 관내에 운영하고 있으며 앞으로도 더 많은 박물관을 건립하거나 유치할 계획이다. 도시 전체가 지붕 없는 박물관. 이는 안동시가 한때 채택했었던 홍보 문구이다. 시 전체가 유무형의 문화재로 가득 찬 역사 문화 도시임을 내세우는 것이다. 지붕 없는 박물관이라고 했지만 안동시에는 지붕이 있는 실제 박물관도 20곳이 넘게 있다. 이 밖에 경기도 부천시, 전남 목포시, 전북 군산시 등은 다양한 박물관을 한곳에 모아 타운 형태로 운영하고 있다. 이렇듯 박물관을 지역 홍보에 적극 활용하는 것만 보아도 박물관의 이미지가 대중에게 긍정적이라는 것은 확실해 보인다.

그러나 누군가 당신에게 '박물관에 가야 할 사람'이라고 말한다면 그건 그리 기뻐할 일이 아니다. 그

말의 의미는 '문화 수준이 높은 사람'이라는 뜻이 아
니라 '낡은 생각으로 머리가 굳은 사람'이라는 뜻이
기 때문이다. 박물관은 '고루하고 시대에 뒤떨어진
것'의 대명사로도 쓰인다. 노무현 대통령이 재임 시
절 "국가보안법은 칼집에 넣어 박물관으로 보내야
한다"고 한 것은 많은 사람들이 기억하는 유명한 얘
기이다. 이 발언에서 박물관은 '지금은 사용하지 않
는 것을 보관하는 장소'라는 뜻으로 해석된다. 박물

관의 주요 기능 중 하나인 보존하고 연구한다는 말
속에 그것이 더 이상은 생산되지 않으며 없어지거
나 훼손될 위험이 크다는 것을 이미 내포하고 있기
에 이런 해석이 가능하다. 박물관에는 주로 골동품,
그것도 오래된 물건이 놓여 있고 이 중에 살아있는
것은 없다. 왕이 입던 옷은 마네킹에 걸려 있고 책을
찍어 내던 목판은 진열장에 모셔져 있다. 하늘을 날
던 새는 박제가 되어 천장에 매달려 있다. 당연한 얘
기지만 박물관 전시물들은 모두 본래 있던 곳에서
쫓겨난(?) 것들이다.

  앞서 언급한 것처럼 박물관에 관한 인식은 긍정과
부정이 함께 한다. 부모가 자녀를 동반하고 박물관
을 찾은 일가족을 보면 이 이중적인 인식의 한 표본
을 확인할 수 있다. 내 자녀들이 흥미를 갖고 박물관
을 관람했으면 싶은데 정작 나는 박물관 관람이 지
루하고…

그렇다면 이렇게 정의할 수 있겠다. 박물관이란 나는 가기 싫지만 우리 아이들은 보내고 싶은 곳.

이런 이중적인 인식을 지켜보자면 안데르센의 동화 '벌거벗은 임금님'이 떠오른다. 분명히 박물관은 재미없지만, 박물관을 싫어한다고 솔직히 말해버리면 나는 문화적인 소양이 없는 사람이 돼버릴 테니까.

그럼 이 애물단지 박물관을 도대체 어찌해야 할까? 없애버려야 할까?

답은 '안동'에 있다. 안동이 그렇듯 박물관도, 보기 전에 혹은 보는 것과 동시에 '듣는' 곳이 되어야 한다. 박물관이 지닌 내력과, 전시물이 간직한 이야기에 주목하여 박물관을 관람하는 것이다.

수많은 콘텐츠를 간직하고 있지만 내력을 듣기 전에는 보이지 않는 곳.

낡고 고루한 이미지를 지녔지만 문화적인 가치만은 누구나가 인정하는 곳.

콘텐츠의 가치를 인정하면서도 선뜻 발길이 향하지 않는 곳.

그래서 나는 다른 곳을 가지만 우리 아이들은 보내고 싶은 곳.

박물관과 안동은 묘하게도 닮았다.

---

* 노시훈, 웰컴투박물관, 컬처북스, 2010, pp.38~39. 재구성. 이하 내용도
 같은 책 재구성.

20.

삼관왕

　　우리나라처럼 세계 몇 대, 동양 최대, 전국 유일에 열광하는 나라가 또 있을까?

　　'없겠지!'

　　지난 2005년 서울 용산에 새로 지은 국립중앙박물관은 세계 6대 규모라고 자랑한다. 이때 규모라는 게 유물의 개수를 말하는지, 전시 공간의 넓이를 말하는지, 전체 연면적 혹은 부지 면적을 말하는 것인지 … 박물관 전문가인 나도 잘 모른다. 뭐가 됐든 세계에서 6번째라는 사실만이 중요하다.

　　몇 해 전 유명 포털에 박물관 칼럼을 연재할 때다. 한양도성이 현존 수도首都 도성 중 세계에서 가장 길고(전체 18.627km 중 13.370km) 도성의 역할도 가장 오랜 기간 동안(514년; 1396~1910) 수행했다는 칼럼의 내용이 문제가 됐다.

　　'터키 이스탄불의 테오도시우스성벽이 훨씬 오래됐는데요.'

　　독자 중 한 분이 댓글로 지적했다.

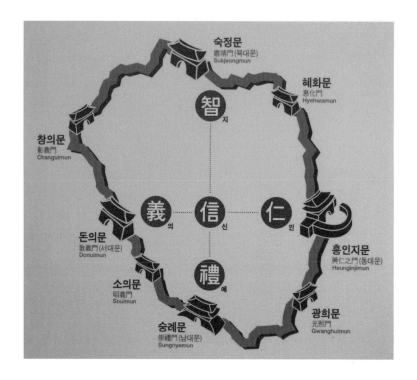

칼럼에 적은 문제의 글은 한양도성박물관의 전시 내용을 인용한 것이라서 박물관 측에 문의해봤다. 담당자(서울시청 한양도성도감 학술팀)가 친절히, 그리고 겸연쩍게 웃으며 답해줬다. "지적하신 것처럼 테오도시우스성이 한양도성보다 지은 지도 오래됐고 수도 성곽의 역할을 한 기간도 더 깁니다. 그런데 현재 터

키의 수도는 이스탄불(콘스탄티노플)이 아니라 앙카라이므로 '현존하는 세계의 수도 성곽'이라는 전제로 보면 글의 표현이 틀리지는 않습니다. 다만 전제 조건을 우리 형편에 유리하게 제한하여 세계 최고 타이틀에 집착한 듯한 감은 분명히 있습니다. 좀 낯간지럽긴 해도 표현 자체가 틀린 것은 아니니 그렇게 봐주셨으면 합니다."

이처럼 조건을 제한하며 세계 최고에 맞춰가는 기술은 우리 한국인이 '세계 최고로' 뛰어날 듯싶다.

롯데월드타워를 세워놓고도 사람들의 관심은 온통 건물의 높이가 아시아에서 몇 번째인지 세계에서 몇 번째인지에 쏠린다.

혹시 서울의 3대 족발집이라고 들어보셨는지? 전국 3대 빵집은? 5대 짬뽕집은?

애당초 이런 타이틀은 누가 갖다 붙였는지도 모르겠고, 또 별다른 이견 없이 정설로 회자된다는 것도 희한하다.

유네스코 유산 제도UNESCO HERITAGE는 타이틀에 열광하는 한국인의 구미에 딱 맞는 메뉴다. 유네스코 유산은 크게 세계유산, 무형문화유산, 세계기록유산 등 3분야로 나누고 소분류를 하면 5분야가 된다. 세계유산을 문화유산, 자연유산, 복합유산

사진: 우종익

으로 세분한다.

　안동은 유네스코 유산 2관왕이다. 하회마을(역사마을), 봉정사(산사), 도산서원·병산서원(서원)이 세계유산(문화유산)이며, 유교책판이 세계기록유산이다. 남은 것은 무형문화유산인데 하회별신굿탈놀이가 유력 후보다. 언제 등재될지는 아직 기약이 없지만…

　제주, 대구, 화순, 서천도 2관왕이다. 제주 화산섬과 용암 동굴이 세계유산(자연유산)이고, 해녀문화와 칠머리당 영등굿이 무형문화유산이다. 대구는 국채보상운동기록물이 세계기록유산이며, 도동서원(서원)이 세계유산(문화유산)이다.

유네스코 무형문화유산 종묘제례악의 제례 장소이자
자체로서 세계유산(문화유산)인 종묘

경주는 석굴암과 불국사, 경주역사유적지구, 양동마을(역사마을), 옥산서원(서원) 등 4개나 되지만 모두 다 세계유산(문화유산)이므로 타이틀로는 한 종류이다.

서울은 종묘, 창덕궁, 조선왕릉이 세계유산(문화유산)이고, 훈민정음, 조선왕조실록, 동의보감, 조선통신사 기록물, 5·18 기록물, 이산가족찾기 기록물, 국채보상운동 기록물, 조선왕실 어보와 어책이 세계기록유산이고, 종묘제례악과 처용무가 무형문화유산으로서 국내 유일 유네스코 3관왕이다.

하회별신굿탈놀이가 유네스코 무형문화유산에 등재되어 안동이 서울 다음으로 '국내 두 번째' 유네스코 유산 3관왕에 오를 날을 기대해본다.

# 21.

# 천전리라 쓰고
# 내앞이라 읽는다

　내앞마을로 들어서면 안쪽 정면으로 한눈에 봐도 예사롭지 않은 한옥이 눈에 들어온다. 2018년 6월부터 보수공사를 시작하여 2021년 5월 현재 공사 중지 상태다. 북경의 상류주택을 본떠 지은 집이라서 그런지 공사는 만만디慢慢地(천천히)다. 바로 청계 김진 선생을 불천위로 모시는 의성 김씨 종가댁이다. 불천위不遷位는 4대 봉사奉祀 후에도 졸업 없이 영구히 모시는 제사를 말한다. 이 집은 다른 말로 오자등과댁五子登科宅이라고 부른다. 말그대로 김진의 다섯 아들(극일, 수일, 명일, 성일, 복일)이 모두 과거에 급제한 명가라는 뜻이다.

김성일의 둘째 형님 귀봉龜峯 김수일 종택

　김진이 어떤 사람인지는 몰랐다 해도 그의 아들 김성일은 알
것이다. 학봉鶴峯 김성일은 임진왜란 직전 통신부사通信副使 자격
으로 왜국에 다녀온 일로 국사교과서에 수차례 언급되는 이름
이다. 교과서에는 그리 아름답게 묘사되지 않았지만 안동 지역
에서는 어느 분을 상석에 모실 것이냐를 두고 병호시비屛虎是非가
일었을 만큼 퇴계의 제자 중에는 서애 류성룡과 함께 쌍벽을 이
루는 인물이다. 병호시비는 병파와 호파, 즉 류성룡(병산서원)과
김성일(호계서원)의 제자들이 우리 스승님을 더 높이 모셔야 한
다며 1620년 이후 250여 년을 두고 다퉜던 시비를 말한다. 공
식적인 결말은 2013년 호계서원 복설 사업 때 류성룡을 동쪽(상
석)에 배향하는 대신 김성일은 제자(후학) 이상정과 함께 서쪽에
두 자리를 차지하는 것으로 마침표를 찍었다고 하니 햇수로 따
지면 400년이 걸린 다툼이었다. 대단하다 대단해!

　내앞은 이중환이 택리지에서 꼽은 삼남사대길지 중 한 곳이
다. 삼남사대길지는 내앞과 더불어 하회, 닭실(봉화), 양동(경주)
을 말하는데 양동 대신 도산(안동)이 포함되기도 한다.

　마을 앞쪽 임하호에 예사롭지 않은 작은 섬이 하나 떠 있다.
수몰 전에는 송림이 울창한 동구 밖의 마을 이정표였으나 수몰

후에는 호수에 뜬 소나무섬이 된 개호송開湖松이다. 개호송은 인근의 백운정과 한데 묶어 명승 제26호로 관리되는 곳으로서, 문화재의 고장 안동에 둘밖에 없는 명승지 중 한 곳이다. 다른 한 곳은 앞서 소개한 만휴정(명승 제82호)이다.

임하(보조)댐이 생기기 전에는 백운정에서 개호송까지 걸어갈 수 있었다고 한다.

내앞마을에 갈 때면 항상 드는 생각이 있다. 내앞이란 예쁜 이름을 두고 굳이 천전리川前里라 적어야할까?

하긴 천전리뿐이랴!

불과 40년 전(1979년)까지만 해도
무섬마을로 들어오거나 마을 바깥으로 나가려면 외나무다리를 건너야 했다.
새색시가 시집올 때도 이 다리를 건넜고 아이들은 이 다리를 건너 통학했고
사람이 죽어 상여가 나갈 때도 이 다리를 건넜다.

금계포란형金鷄抱卵形(금닭이 알을 품은 형상) 명당으로서
삼남사대길지로 꼽히는 봉화 닭실마을

수곡리水谷里라 쓰고 무실이라 읽는다.

박곡리朴谷里라 쓰고 박실이라 읽는다.

안동 인근, 이른바 안동권으로 범위를 넓히면 더 많다.

수도리水島里라 쓰고 무섬이라 읽는다(영주).

유곡리酉谷里라 쓰고 닭실이라 읽는다(봉화).

주곡리注谷里라 쓰고 주실이라 읽는다(영양).

금곡리金谷里라 쓰고 금당실이라 읽는다(예천).

## 무엇을 의논했을까?

우리는 표기언어와 생활언어가 달랐으니 행정과 실생활의 괴리는 어찌 보면 필연적이었다. 이런 당연한 괴리가 지명이라고 예외겠는가?

그나마 천전리 등의 사례는 표기라도 제대로 한 경우이고 아예 한자를 잘못 옮겨 적은 사례도 많다.

쌍둥이 호수로 유명한 서울 송파구의 석촌동石村洞의 옛 이름은 돌말 혹은 돌마리이다. 이름의 유래는 두 가지가 전한다. 병자호란 당시 남한산성 아래 주둔하던 청병들이 물반 흙반 진창이었던 이곳에 돌을 날라 진지를 구축하면서 생긴 이름이라고도 하고, 한강의 물길이 크게 돌아나가는 곳이라 하여 돌말이라 불렀다고도 하는데 나는 왠지 후자에 끌린다.

일제강점기 1914년 전국적인 행정구역 개편 때 석

촌리라는 공식 이름을 얻게 되었다. 1914년 무렵 어느 날에 이 동네에서 아마도 이런 상황이 벌어졌을 것이다.

조선총독부의 행정구역 개편 담당 공무원 나까무라가 한강을 건너 돌말에 와서는 지나는 주민을 붙잡고 실사를 벌였다.

"이 동네 이름이 무엇이므니까?"

"돌말인데요."

"아, 소데스까? 그렇다면 돌 석 자에 마을 촌, 석촌리石村里"

'돌 석 아닌데…'

한강 물이 크게 돌아나가는 돌말이 난데없는 석촌이 된 것이다.

석촌만큼이나 어이없는 사례는 일산이다.* 경기도 고양시 일산(일산동구·일산서구)은 경기 북부의 대표적인 신도시 지역으로서, 옛 이름은 큰 산이라는 뜻의 한뫼(혹은 한메)였고 한자로는 한산韓山으로 표기했다. 가까운 곳의 고봉산高峯山이 결국 큰 산이므로 이름의 개연성은 충분하다.

말도 많은 1914년 행정구역 개편 때 이른바 창지개명創地改名**을 통해 일산一山이라는 지금의 이름을 얻었다. '크다'는 뜻의 '한'을 '하나'로 오역한 결과인데,*** 우리나라 각 지역의 정체성을 훼손하고자 일제가 일부러 틀려가며 바꿨다는 주장도 있다. 그렇다면 한강이 일강一江이 되지 않은 것만도 얼마나 다행인가.

일산을 직역한 테마파크 Onemount는 일제의 오역이 없었다면 Bigmount가 됐을 것이다.

한자를 차용하는 과정에서 잘못 붙여진 이름을 꼽자면 책 한 권을 채울 만큼 많다.

서울 강남구 논현동論峴洞은 의논(論)과는 아무 관

련이 없는 땅이다. 강남이 개발되기 전 이 일대는 완만한 구릉지대를 이루고 있는 논밭 천지여서 논고개(논밭으로 된 고개 혹은 늘어진 고개)로 불렸는데 한자 지명을 만들며 엉뚱하게도 매우 현학적인 동네가 되고 말았다.

서울 양화진은 조선시대부터 한양의 관문 노릇을 하던 나루터였다. 조금 아래 쪽에는 노래로도 유명한 양화대교가 있다. 옛날 이곳에 버드나무(楊)가 많아서 양화楊花로 불린다는 유래가 전해진다. 하지만 이것도 엉뚱한 이름이다. 양화진의 옛 이름은 버들곶나루였다. 버들곶은 버드러진 곶, 즉 밖으로 벌어져 나온 곶(串)이라는 뜻이므로 한강변에서 앞으로 비쭉이 뻗어 나온 곳에 자리 잡았다는 것일 뿐 버드나무와는 전혀 관계가 없다.

강원도 철원은 고구려 때부터 불리던 이름인데, 그 이전 순우리말 이름은 '새벌(새로운 마을)'이었다.

새벌을 한자로 바꿀 때 새롭다는 뜻의 '새'를 '쇠'로 받아들여 철원鐵圓이라는 이름이 되었고 그 후 한자 표기가 철원鐵原으로 바뀌었다. 그러고 보니 철원에 쇠가 많이 난다는 얘기를 들어본 적이 없다. 한국전쟁을 거치며 쇠로 만든 총기류와 탄피, 대포와 포탄, 철모 등 전쟁의 잔해가 지천이었던 것을 보면, 다르게 바뀐 이름을 따라 땅의 팔자가 그리로 흘러갔다고도 볼 수 있다.

자연발생적으로 생겨난 땅이름 중엔 순수한 우리말로 된 것이 많았다. 골짜기 사이의 마을이 '샛골'로 된 것이라든가 가장자리의 마을이 '갓골'로 된 것 등이 바로 그런 예이다. 그러나 이런 토박이 땅이름들은 문헌에 기록되거나 지도상에 표시되면서 한자화되었다. 이 과정에서 그 땅이름이 지닌 원뜻이 크게 손상되었고 풍수지리 사상이 퍼지면서부터 그에 부합하는 땅이름으로 바꾸는 작업이 활발히 일어났다. 예컨대 새고을 ▶ 새골 ▶ 샛골 ▶ 쇠골의 변화 과정을 거쳐 한자로 표기되면서 금곡金谷이 된 성남시 분당구 금곡동이라든가, 안양천 지류가 길게 뻗어 있어 번내로 불리다 번내 ▶ 범내를 거쳐 한자로 호계虎溪가 된 안양시 동안구 호계동 같은 사례는 전국 방방곡곡에 셀 수 없을 만큼 널렸다.**** 문득, TV 프로그램 가족오락관의 '고요속의 외침' 코너가 연상된다.

---

\*      최재용, 우리 땅 이야기, 21세기북스, 2015, p.343. 재구성. 이후의 사례는 차례로 같은 책 p.71, pp.166~167, p.320, 재구성.

\*\*      마경묵 외, 십대에게 들려주고 싶은 우리 땅 이야기, 갈매나무, 2013, p.67.

\*\*\*      반면 배우리는 지금의 일산동 일대가, 뫼가 일어난다는 뜻의 일뫼로 불려왔다고 밝히며 다른 어원을 제시하고 있으나, 하나의 산이라는 뜻의 一山이 오역이라는 점에서는 최재용과 다르지 않다. 배우리, 배우리의 땅이름 기행, 이가서, 2006, p.88.

\*\*\*\*      배우리, 배우리의 땅이름 기행, 이가서, 2006, p.69, pp.84~85, p.92. 재구성

22.

의병장
김성일

김성일은 정세 판단을 잘못하여 나라를 위기에 빠뜨린 대표적인 인물로 널리 알려져 있다. 그러나 이를 속죄하느라 의병을 이끌고 왜적에 맞서 싸우다 전사(엄밀히 말하면 병사)한 사실은 비교적 덜 알려져 있다.

임진왜란 이태 전 1590년에 조선 조정은 왜국으로 통신사절단을 보낸다. 이듬해 귀국하여 왜국의 정세를 보고하는 자리에서 정사正使 황윤길은 왜가 반드시 침입할 것이라 한 반면, 부사副使 김성일은 군사를 일으킬 만한 움직임이 없다며 결과적으로 허위보고를 하게 된다.

김성일은 전쟁이 임박했다고 하면 민심이 흉흉해질 것을 우려했다고 한다. 학봉기념관 내 '귀국보고의 진실'이라는 전시 패널에는, 왜적이 사신들을 뒤따라 금방 쳐들어 올 것이라고 장황하게 말하여 인심을 요동시키는 정사의 보고가 사의에 매우 어긋난다하며 이에 부동하지 않았다(不見如許情形). 이것은 왜란

의 가능성을 부인한 것이 아니라 왜적이 오기도 전에 조야가 겁에 질려 혼란이 생길 것을 염려한 것이니 꼭 잘못 주달(임금께 아룀)한 것은 아니라고 적고 있다.

다른 한편으로는 당파가 다른 서인 황윤길과 동인 김성일이 서로 다른 보고를 한 것이라고도 하지만 동행했던 서장관書狀官 허성(홍길동전을 쓴 허균의 형)은 동인임에도 서인 황윤길과 같은 내용으로 보고한 것을 보면, 꼭 당파적 입장에 따른 이견이라고만 볼 수는 없겠다. 이에 대해 전시 패널에는, 당파 관련 주장은 조선왕조 3백 년 동안 한 번도 제기된 적이 없던 중에 일제가 침략을 합리화하기 위해 조선의 당쟁을 과장하여 강조한 식민 사관에서 비롯된 왜곡이라고 적고 있다.

　아무튼 자신의 보고와는 달리 전쟁이 일어나자, 김성일은 오판에 따른 허물을 씻기 위해 전장으로 나선다. 이어지는 패널 내용은 다음과 같다.

　학봉이 초유사로 진주에 도착하니 성은 텅 비고 강물만 흐르고 있어 서글픔을 가눌 길 없었다. 조종도趙宗道와 이노李魯가 찾아와서 비감하게 말한다.
　"적의 칼날에 쓰러지느니 차라리 강물에 빠져 죽읍시다."
　그러나 학봉은 결연히 답한다.
　"죽기는 두렵지 않으나 여러분이 도와 의병을 일으킨다면 적을 막을 수 있을 것이요. 만약 뜻대로 되지 않으면 그때 나라를 지키다가 죽는 것도, 적을 꾸짖다가 찢겨 죽는 것도 좋겠소."
　학봉은 시를 써 세 장사가 함께 결사 항전할 것을 맹세했다.

이후 학봉의 활약에 대해서는 어느 책자에 묘사된 부분을 옮겨보자.*

의병장 곽재우를 도와 의병활동을 고무하는 한편 함양,
산음, 단성, 삼가, 거창, 합천 등지를 돌며 의병을 규합하
는 동시에 각 고을에 소모관을 보내 의병을 모았다. 또한
관군과 의병 사이를 조화시켜 전투력을 강화하는 데 노력
하였다. 그해 8월 경상좌도관찰사에 임명되었다가 곧 우
도관찰사로 다시 돌아와 의병 규합, 군량미 확보에 전념
하였다. 또한 진주목사 김시민으로 하여금 의병장들과 협

★  김성규, 내앞마을, 한빛, 2005, p.134.

력하여 왜군의 침입으로부터 진주성을 보전하게 하였다. 1593년 경상우도순찰사를 겸하여 도내 각 고을의 항왜전 을 독려하다가 병으로 죽었다.

이때 김성일이 맡은 직책은 의병 초유사招諭使로서 각 고을을 돌며 의병 창의를 권유하고 지원하며 혹시라도 있을 수 있는 수 령과 관군의 방해를 막아주는 역할이었다고 한다.

"나라를 광복할 터전은 영남에 있고 영남을 회복할 책임 은 성일에게 달렸은즉 성일이 없으면 의병이 없을 것이 요 또 영남도 없나이다."

초유사 김성일의 당시 활약을 진사 박이문朴而文이 적어 조정 에 올린 상소문의 한 구절이다.*

자신이 뱉은 말에 대한 책임만은 제대로 진 학봉 김성일이다. 학봉기념관 바로 앞에는 학봉종택이 있다. 학봉선생구택이라

---

* 임재해, 안동 문화의 전통과 창조력, 민속원, 2010, p.174.

는 편액이 걸린 솟을대문 사이로 예사롭지 않은 조경이 들여다
보인다. 깔끔하게 다듬은 토피어리topiary, 색색의 예쁜 꽃, 이건
확실하게 한옥의 앞마당은 아니다. 굳이 閑(막을/한가할 한)과 困
(괴로울 곤)을 들먹이지 않더라도 우리는 마당 한가운데에 나무
가 있는 집을 과히 좋게 치지 않았다. 마당 가득 잔디를 깔고 나
무를 심은 한옥은 일제강점기 이후의 왜색 정원이다.

그러나 새삼 생각해보면 이 집은 학봉의 후손들이 거주하는
생활공간이다. 한옥의 조성 원리를 따지기 이전에 사람이 살기
편해야 하는 곳이다.

파격이라면 파격일 수 있는, 학봉종택의 조경을 어떻게 봐야

하나? 도저히 접점이라고는 읽어낼 수 없는 국적불명의 부조화

일까? 있는 것을 활용하며 나름 지혜롭게 지켜나가는 전통의

현재화일까?

    시간을 두고 생각해보련다.

# 23.

# 협동학교와
# 혁신유림

안동과 혁신, 그리 잘 어울리는 조합이 아니다.

시인 유안진은 고향 안동을 가리켜, 옛 진실에 너무 집착하느라 새 진실에는 낭패하기 일쑤라고 노래했다. 우리가 안동에 대해 갖고 있는 선입견은 혁신이라는 단어와 결코 부합하지 않는다.

그러나 안동에는 '혁신' 유림이 있었고 그들은 '혁신' 학교를 열었다. 1907년 안동사람 류인식 등이 배일구국排日救國을 교시로 협동학교協東學校를 설립했다. 경북 지역에서 처음으로 문을 연 근대식 중등교육기관이었다. 단발을 하고 신식 교육을 주창하던 류인식은 이 일로 집안에서 내쳐졌다. 이른바 호적을 파낸 것이다. 부친(서파 류필영)에게 의절당하고 스승(척암 김도화)에게는 파문당했다. 추로지향鄒魯之鄕이라 자부하는 안동에 혁신유림의 상징 협동학교가 들어서는 데에 얼마나 큰 반대가 있었을까 짐작하기 어렵지 않다. 실제로 학교가 피습당해 교직원 3명이 살해되는 사건까지 있었다.

협동학교에 기부채납(?)한 백하 김대락의 사랑방, 백하구려白下舊廬

　나라의 지향은 동국이요, 향토의 지향은 안동이며, 면의 지향
은 임동이므로 동東자를 따고 안동군의 동쪽에 자리한 7개 면이
힘을 합쳐 설립한 것이므로 협協자를 따서 협동학교라 이름 지

백하구려에 이어 교사로 사용된 가산서당

었다.* 협동학교는 류인식이 설립을 주도했고 운영과 성과에 있
어서는 김대락, 김병식, 김후병, 김동삼, 김형식 등 내앞의 의성

---

**\*** 박걸순, 시대의 선각자 혁신유림 류인식, 지식산업사, 2009, p.67. 이후 류인식에 대한 서
술은 이 책을 중심으로 인용했다.

김씨들이 두드러졌다. 내앞의 의성김문은 서간도 망명자 150여 명에 독립유공자만 18명에 이르는 독립운동 명가다. 특히 백하 白下 김대락은 처음엔 문중과 뜻을 함께하며 학교 설립에 반대했으나 후일 생각을 바꿔 자신의 사랑채를 교실과 기숙사로 사용하도록 제공했다. 처음 교사를 지었던 자리에는 복원된 가산서당과 함께 경북독립운동기념관이 들어서 있다.

경술국치(1910년 8월 29일) 넉 달 뒤 김대락은 내앞의 식솔들을 이끌고 눈보라 몰아치는 서간도 망명길에 오른다. 그곳에서 경학사와 신흥강습소(신흥무관학교 전신) 설립 등 독립투쟁 기반 조성에 힘을 보태다 1914년 서간도 유하현 삼원포에서 눈을 감는다. 선생의 묘(가묘)에는 조동걸 교수의 비문이 적혀있다.

백하는 유학자, 선비, 계몽주의 민족운동가, 독립군 기지를 개척한 독립운동 선구자다. …중략… 세상에 외치노니 지사연 하는 학자가 의리를 찾는다면 여기 와서 물어보라. 애국자연 하는 위정자가 구국의 길을 묻는다면 여기 와서 배우라. 저승으로 가는 늙은이가 인생을 아름답게 마감하는 지혜를 구한다면 여기 와서 묻고 배우라고 하자.

앞으로 돌아가서, 협동학교와 설립자 류인식 선생에 대해 좀 더 알아보자.

동산東山 류인식(1865~1928)은 지역에서 자부심 높은 유학자 집안의 장남으로 태어나 어려서 사서삼경을 익히고 한시를 짓는 등 영민하고 뛰어난 재주를 보여 어른들을 놀라게 했으며, 정의로운 심성으로 인해 을미사변과 단발령에 분개하여 의병 봉기에 참여한 실천적 유학자였다.

여기까지만 보면 류인식은 마치 위인전이나 전기傳記 영화의 클리셰Cliche처럼 전형적인 구한말 선비의 삶을 살았다. 그의 인생이 전기를 맞이한 것은 성균관 유학을 위해 상경했다 단재 신채호 선생을 만나 개화사상을 접하고 계몽운동에 투신했던 1903년, 그의 나이 서른 아홉에 이르러서이다. 창자가 바뀌고 얼굴이 바뀌고 말과 행동이 전날의 내가 아니라고 말했을 정도로 이전과는 완전히 다른 사람으로 탈바꿈했다. 곧바로 단발을 한 후 고향으로 돌아와 계몽운동을 시작했다. 단발령에 분개하여 의병에 투신했던 사람이 단발을 하고 나타났으니 집안팎을 비롯한 향리에서 그를 맞이한 것은 오로지 조롱과 배척, 그리고 의절義絶과 파문破門뿐이었다. 그러나 이러한 정서적, 물질적 난관을 극복해가며 1907년에 혁신 교육기관 '협동학교'를 기어코 설립한다. 이때부터 동산 류인식을 혁신유림이라 부른다.

　수신修身·국어·역사·지지·외국지지·한문·작문·미술·대수·지리·체조·창가·화학·생물·동물·식물·박물 등 신학문과 전통교육을 망라한 17개 과목을 가르치던 학교는 1918년 제5회 졸업생을 배출한 뒤 3·1만세 직후 장기간의 휴교를 거쳐 강제 폐교된다. 그러나 이때까지 협동학교를 거쳐간 80여 명의 학생들은 그 후 서간도의 독립군이 되고 신간회의 항일 지사가 된다.

　류인식은《대동사大東史》3권 11책,《대동시사大東詩史》2권을 저술한 한학자이자 사학자였고 수십 편의 한시를 지은 시인이었다. 흔히 그의 대표작으로 자주 인용되는 험난險難에는 아버지와 스승, 친지와 보수 유림들로부터 온갖 배척을 받아가며 모험적으로 계몽운동을 추진했던 자신의 심경이 오롯이 담겨있다.

人不涉難智不明

事不冒險功不成

由難而易由險平

平易皆從險難生


사람이 어려움을 겪지 않으면 지혜가 밝지 못하고

일은 모험을 하지 않으면 성공할 수 없다.

어려운 것으로부터 쉬워지고 험난한 것으로부터 평탄해지니

평탄하고 쉬운 것은 다 험난한 것으로부터 생겨난다.


　이렇듯 류인식에게 있어서 협동학교는 모험이고 험난이었다. 그리고 그 결과는 밝은 지혜이자 성공이었다. 물론 이 작품은 1912년 경학사 교육부장 시절 신흥학교 학생들을 대상으로 읊은 시이지만 협동학교 시절의 심경과 다르지 않을 것이다.

　그의 작품 중에 협동학교 학생들에게 보내는 희망의 메시지-협동교음시제군協東校吟示諸君-를 더불어 소개한다.

“ 듣는 안동


春宵寥寂漏丁東

一笑相看血淚紅

論人最易成功後

處世何妨積毁中

時機漸捉趨過渡

進化終然睹大同

君看霽夜虛明月

乍隱雲間乍現空


봄밤 고요한데 시계는 딩동딩동

한 번 웃고 서로 보니 피눈물이 흐르네

사람을 논하기는 성공한 뒤가 가장 쉬우니

처세함에 비방이 많다 한들 무슨 관계랴

사태의 기미는 차츰 과도기를 재촉해 달리니

나아가면 끝내 대동大同을 보리라

그대들은 볼지니 맑게 개인 밤 환히 밝은 달을

잠깐 구름 속에 숨었지만 곧 하늘에 나타날 것을


274

구름 속에 숨은 달처럼 빛이 보이지 않는 절망적인 여건이지만 우리의 계몽운동은 맑게 개인 밤 하늘 달처럼 밝아져 끝내 대동세상을 맞이하리라는 훈화말씀이다.

류인식 선생은 끝내 대동세상을 보지 못하고 1928년 향년 64세로 자택에서 돌아가신 후 안동 선영에 영면하였다. 현재는 대전현충원 애국지사 묘역에 모셔져 있다.

《개벽》제15호(1921년 9월)에 실린 '1인이 可以興鄉(가이흥향; 한 사람의 힘으로 지방을 일으켰다)'이라는 제목의 기사를 보면 협동학교와 류인식에 대한 당시의 세평이 어떠했는지 미루어 짐작할 수 있다.

> 기자가 그 지방에서 들은 말 중에서 가장 감격하야 마지 아니한 것은 동군 동후면에 정거한 류인식 씨의 일이엇다. 씨는 일즉이 경성에 주류하며 시세의 추이에 착목하던 중 거금(지금으로부터) 14년 전 정미에 문득 향읍인 안동으로 돌아와 당시 군수와 상모하고 동군 읍내 유궁 재산 1,220 두락의 강제 기부를 수하야 동군 임하면 천전리에 중등 정도의 협동학교를 창설하고 신교육의 실시에 착

275

수하얏다. 교육열이 불가티 일고 신문명에 대한 동경이 금일가티 간절한 이 때에 잇서서도 다수인을 상대로 하야 일개의 학교를 건설함이 실로 이사(쉬운 일)가 아니엿던 거 금 14년 전의 그 때에 잇서 특히 구문화에 대한 숭앙의 도 가 조선 어느 지방보다도 제일로 농한 그 지방에 잇서 몽 중에도 생각치 아니하던 신문명의 수입을 일조에 계코저 한 그 운동이 어찌 난사가 아니엇스리요. 씨의 그 운동은 과연 그 지방의 청천벽력이엇섯다. 일반은 처음에는 경황 하얏스며 다음으론 난적의 소위로 인하얏다. 그와 가튼 사위의 공기는 필경 협동학교의 경술년 참화를 유치하야 그 학교의 교원이던 김기수, 안상덕, 리종화 삼씨는 당시 침입한 의병의 손에 총살되고 학교는 일시 문을 닷는 부 득이에 지하얏다. 그러나 유씨와 기타 기인의 유지는 이 에 불굴하고 곳 종전의 교육을 계속케 한 바 훼욕하는 자 는 훼욕하얏스나 양해하는 자는 양해하기를 시하야 기후 미기에 예안 퇴계촌에는 동 정도의 보문의숙, 풍서면 하 회촌에는 동 정도의 동화학교의 설립을 견하야 최근까지 계속하던 중 경영의 곤난과 당국의 종용으로 인하야 우

삼교는 객춘에 모다 보통학교로 조직을 변경한 바 이것이
그곳 신문명 건설운동의 대개이며 어떠케 말하면 류인식
씨 활동의 대개이다. 그래서 그 지방에 잇서 오늘날 신문
화를 말하고 신활동을 절규하는 신진청년의 대부는 모두
우 삼학교의 출신 혹은 관계자 아님이 업다 한다. 기자는
그 지방의 문화개신에 대한 류씨의 공을 다하다 하는 동
시에 류씨급 기타 청년유지는 다시 전일의 그 열력을 분
발하야써 위선 그 지방에 중학교 일교만 설립함이 잇기를
절망불이한다. 우리보다도 여러분이 먼저 느꼇슬 것이어
니와 어느 경우로 볼지라도 안동 지방에 중등학교 하나쯤
은 잇서야 될 것이 아니겠습니까.

24.

북풍을 거슬러
떠나는 길

안동의 독립운동은 유명하다. 자칭 독립운동의 성지다.

일단 숫자 면에서 타 시군을 압도한다. 우리나라의 독립유공자는 2021년 광복절 기준 16,932명이다. 국가보훈처의 독립유공자 공적조서 기준이며, 여기에는 외국인도 포함된다. 그런데 이 중 안동사람이 383명이다. 언뜻 숫자로 실감하기가 쉽지 않겠지만 서울이 446명이라고 한다면 바로 비교가 될 것이다. 안동시와 같은 시군 단위 기초자치단체의 경우 대부분 100명에 미치지 못한다. 따로 평균을 내보진 않았지만 아마도 50명 내외일 것이다. 안동에 독립유공자가 유독 많은 것은 일차적으로, 왜놈들에게 굽힐 수 없다는 이 지역 사람들의 기질 탓이다. 배타적인 자부심을 지닌 안동 유림의 정서가 긍정적으로 발휘된 경우라고 볼 수 있다. 이러한 정서 위에 집성촌 단위의 집단 이주, 즉 집안 전체의 인적, 물적 자원을 총동원한 결과가 독립유공자의 숫자로 나타난 것이다. 서간도 집단 이주와 현지 독립운동 기지 건설을 주도한 사람들은 안동의 내앞과 임청각 출신들이다.

　내앞의 백하 김대락, 일송 김동삼, 임청각의 석주 이상룡 등은 서간도로 망명하여 이회영 6형제 등이 미리 자리 잡고 있던 유하현柳河縣 삼원포三源浦(당시 삼원보三源堡)에 신한민촌을 건설하고 경학사耕學社와 신흥강습소를 설립한다. 만주 지역 최초의 독립운동 조직이 만들어진 것이다. 이후 교사를 합니하哈尼河로 옮기고 이름을 신흥무관학교로 바꾼다. 이상룡은 경학사의 출범선언서 격인 취지서를 기초하고 사장에 선임된다. 경학사의 교무부장은 협동학교를 운영한 경험이 있는 류인식이, 조직과 선전 분야는 김동삼이 맡았다. 이상룡, 류인식, 김동삼은 모두 안동사람이다. 이 밖에 내무부장 이회영, 농무부장 장유순, 재무부장 이동녕의 진용을 갖추게 된다.

　마을이나 가문 단위로 독립운동에 투신한 대표적인 집안으로 내앞과 임청각만을 꼽는다면 하계마을이 서운해한다. 이만도, 이중언, 이중업, 이원일을 위시한 퇴계 후손들이 집성촌을 이룬

하계마을은 20명이 넘는 독립유공자를 배출하여 마을 단위로
는 전국 최다라고 한다. 하계마을은 1976년 안동댐에 수몰되었
고 현재는 하계마을독립운동기적비만이 물에 잠긴 마을의 빛나
는 공적을 전해주고 있다.

안동이 독립운동의 성지임을 자부하는 근거는 세 가지다.

먼저, 항일의병의 발상지라는 것이다. 청일전쟁이 일어나기
직전 1894년에 일본군대가 경복궁에 침입하여 조선군대와 치
열한 교전 끝에 궁을 점령한 사건이 발생한다. 갑오사변 혹은
갑오변란이라고도 불리는 이 사태에 분노한 의병항쟁(갑오의병)
이 처음 일어난 곳이 바로 안동이다.

다음으로는, 자정순국自靖殉國이 가장 많다는 것이다. 을사늑약
(1905), 경술국치(1910), 고종 황제 인산因山(1919) 등의 시기에 치
욕을 못 이겨 스스로 목숨을 끊은 자정순국자가 전국적으로 90
여 명을 헤아리는데 그중 10명*이 안동사람이다. 독립유공자를
기준으로 하면 61명 중 8명이다.

풍산 사람 김순흠(1840~1908)의 단식 순국을 시작으로 경술국

---

\* 김희곤, 나라 위해 목숨 바친 안동 선비 열사람, 지식산업사, 2010, p.22.

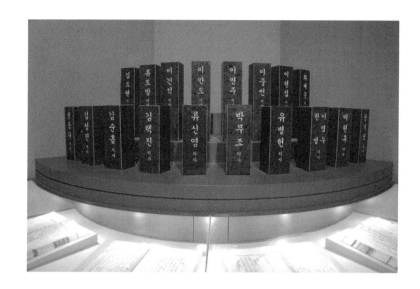

치 직후 도산 하계마을의 향산響山 이만도(1842~1910)와 그의 조카(삼종질) 이중언(1850~1910)이 뒤를 이었고, 풍천 하회의 류도발(1832~1910)과 류신영(1853~1919) 부자가 각각 경술국치와 고종인산 이후에 순국하였다. 와룡의 권용하(1847~1910), 풍천 갈전리의 이현섭(1844~1910), 풍산 소산리의 김택진(1854~1910) 그리고 예안 부포리의 이명우(1872~1921)와 권성(1868~1921) 부부까지 안동의 자정순국은 계속해서 이어졌다.

세 번째로 내세우는 근거는, 앞서 언급한 바와 같이 독립유공

출처: 강윤정, 만주로 간 경북 여성들, 한국국학진흥원, 2018, 표지.

자의 숫자가 압도적으로 많다는 것이다.

이처럼 독립운동은 크게 나눠 항일의병, 자정순국, 해외망명의 방법으로 전개됐다. 이 모든 형태에 있어서 안동은 처음이거나 혹은 가장 많다. 요약하자면 독립운동의 최초와 최대 지역이 바로 안동이라는 것이다.

또한 참여자의 신분 면에서 양반과 소작인, 노비 계층을 아우르고 있으며, 배경 사상도 사회주의 계열(김재봉, 이준태, 권오설)과 민족주의 계열을 포괄한 좌우 공존이 실현되는 등 한국독립운동사의 모든 영역을 전형적으로 망라한 표본 같은 지역이다.

압록강을 건너 북풍을 거슬러 떠나는 길이 어떤 고행일지는 어렵지 않게 그림으로 그려진다. 그 그림은 마침 80년대 민중가요 〈만주출정가〉의 가사와 들어맞는다.

> 그 멀고 어두운 세월이 흘러
> 산하의 이름 없는 풀꽃도 잊었노라
> 그 넓은 대지를 날고 또 날던
> 산하의 기러기도 서럽게 울었노라
> 내 조국 산천을 등지고 건너는 압록강

> 북풍을 거슬러 떠나는 길
>
> 목메어 부르는 불망不忘의 조국
>
> 이 목숨 다 바쳐 싸우리라
>
> 해방의 해방의 그날까지
>
> 총칼을 들고 나가리라
>
> 해방 그날까지

서간도 망명의 상징과도 같은 인물, 임청각의 주인 석주 이상룡 선생은 고난의 망명길 앞에서 결연히 노래했다(〈나라를 떠나며; 去國吟〉, 전체 8행 중 7~8행).

> 잘 있거라 고향 동산 슬퍼하지 말지어다
>
> 태평한 날이 오면 다시 돌아와 머물리라
>
> 好住鄕園休悵惘
>
> 昇平他日復歸留

서간도 현지에서 1932년에 돌아가신 이상룡 선생의 유해는 뒤늦게 1990년 고향 안동을 거쳐 대전 현충원에 모셔졌다. 조

선 땅이 해방되기 전에는 유골로라도 돌아가지 않겠다던 유언
에 따른 뒤늦은 귀환이었다.

그리고 2009년, 선생의 국적이 대한민국으로 회복됐다. 단재
신채호, 백하 김대락 등과 함께. 일제가 1912년 호적제도를 도
입하기 전에 망명했던 독립운동가들이 광복 후 60년이 넘도록
무국적자였다는 사실이 새삼 놀랍다.

이처럼 두드러진 안동의 독립운동을 기리기 위해 백 년 전
(1907) 협동학교가 있던 자리에 지난 2007년 안동독립운동기념
관을 개관했고, 10년이 지난 2017년에는 경상북도독립운동기
념관으로 확대 개편하여 재개관했다.

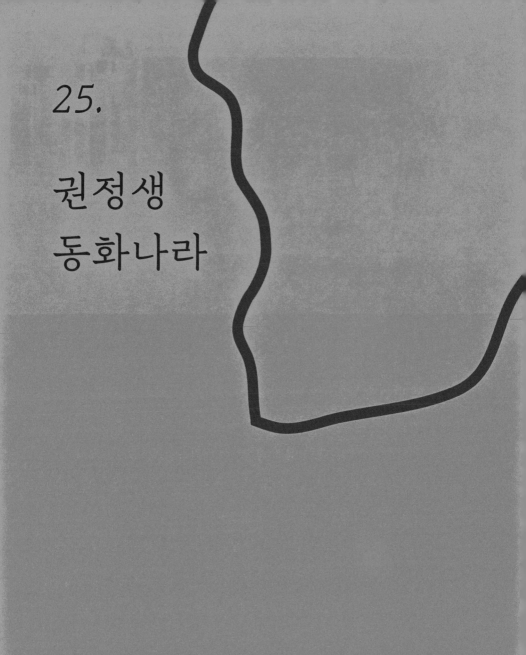

25.

권정생
동화나라

　　안동의 대표 인물로 이황, 류성룡, 이육사는 알아도 권정생을 아는 이는 드물다.

　　혹 권정생은 알아도 안동에 권정생동화나라가 있는 것을 아는 이 또한 드물다.

　　그런데 이건 어쩌면 권정생 선생이 바라는 바였는지도 모른다. 『강아지똥』이나 『몽실 언니』가 읽히고 기억될 수 있다면 그뿐, 권정생 이름 석자를 알려 무엇하랴하는 생각… 아마도 그랬을 것이다.

　　가장 낮은 곳에서 평생을 살다, 가신 이후에도 자신의 것은 하나도 남기지 않은 사람 권정생. 인세를 포함한 10억이 넘는 재산 모두를 사회에 환원한 그가 살던 집은 단칸방 흙담집이었다.

　　생가라고 하지 않는 것은 선생이 이 집에서 태어나지 않았기 때문이다. 권정생 선생은 일제강점기 1937년에 일본 도쿄에서 태어났다.

권정생 선생의 생전 모습.
출처: 한국일보 자료사진

해방 후 외가가 있는 경북 청송으로 귀국하여 이듬해부터는 안동 조탑리에 정착하여 어린 시절을 보내다 한국전쟁 이후 부산에서 살며 이때 늑막염에 폐결핵을 얻는다. 이후 평생을 살게 될 안동으로 돌아와 일직교회의 종지기로 일하며 교회 문간방으로 들어가 동화를 쓰기 시작하여 1969년 『강아지똥』으로 데뷔한다. 전자 차임벨이 나온 이후에는 교회 종지기 일마저 잃고 동화 창작에 더욱 몰두하게 된다.

2007년에 돌아가신 후 유언에 따라 유산은 소외된 어린이를 위해 쓰이게 된다. 이렇게 만들어진 곳이 권정생동화나라다.

· 이름: 권정생동화나라

· 위치: 경북 안동시 일직면 성남길 119(망호리)

　　　 옛 일직남부초등학교 자리

· 개관: 2009년

· 구성: 전시실, 유품전시대, 서점, 독서실(교실 및 복도 활용),

　　　 야외(운동장) 전시

· 입장료: 없음

· 관람 시간 및 개관일

　 - 10:00~17:00(월요일, 1월 1일, 설날 및 추석 당일 휴관)

· 관람 방식: 개인 관람(단체 관람 시 전화 예약 必)

· 문의: (054)858-0808

· 홈페이지: www.kcfc.or.kr

　권정생은 안동의 결핍을 보완해주는 매우 독특한 자산이다. 시대별, 계층별, 남녀별로 다양하고 풍성한 문화유산을 보전해온 안동이지만, 살펴보면 소수자를 위한 배려, 응원, 항쟁, 이런 것을 경험해본 내력이 안동에는 없다. 우리 역사의 현장에서 언제나 치열했던 안동임에도 변변한 농민항쟁조차 없었다는 사실이 이를 방증한다.

　안동에 사실 방정환은 없지 않은가? 안동에 이태석은 없지 않은가? 권정생은 어리고 병약하고 소외되고 귀하지 않은 것을 대표한다. 안동의 자산 중에는 유일한 항목이다. 안동의 정체성에 그동안 없던 또 하나의 색을 입혔다고나 할까?

'동화 한 편은 백 번 설교보
다 낫다.'

겸손한 그가 평생 단 한 번 자
기자랑을 했다면 이 말 한마디다.

세상에서 그보다 더 비천할
수가 없는 강아지똥에게 민들레
가 위로의 말을 건넨다.

하느님은 쓸데없는 물건은 하
나도 만들지 않으셨어.

너도 꼭 무엇엔가 귀하게 쓰
일 거야.

가장 비천하고 가장 힘없는 것
들에게 백 번 설교하기보다 동화
한 편을 건네는 권정생 선생은 분
명 하늘의 별이 되셨을 거다.

근방에는 전탑의 고장 안동을
대표하는 5층 전탑이 있다.
탑을 쌓느라 얼마나
사연이 깊었으면 동네 이름 자
체가 조탑동造塔洞이다.
그리고… 얼마나 귀했으면
만으로 9년째 보수공사 중이다.

# 26.

# 700살 실향목

고향을 잃은 나무, 그것도 나이 700에…

· 이름: 용계은행나무

· 키: 37미터

· 가슴둘레: 14.5미터

· 몸무게: 700톤

· 수령: 700년

· 직함: 천연기념물 제175호

· 사는 곳: 경북 안동시 길안면 용계리 744-1

· 살던 곳: 지금은 임하호 속에 잠긴 용계초등학교 운동장

출처: 문화재청, 수난의 문화재, 눌와, 2008, p.232.

아파트 14층 높이에 이르는 이 노거수를 올려다보자면 엄청
난 크기에 그만 압도돼 버린다. 우리나라에서 가장 굵은 나무로
알려져 있다.

아쉽게도 키와 나이는 양평 용문사 은행나무(천연기념물 제30
호)에 조금 못 미친다. 용문사 은행나무는 수령 1,100~1,400년(추
정)에 높이 42미터로서 우리나라에서 가장 나이 많고 가장 키가
큰 나무이다. 아시아에서 가장 큰 은행나무로 알려져 있다.

이처럼 용계리 은행나무는 최고最高도, 최고最古도 아니지만 우리나라의 어떤 나무도 경험하지 못한 특별한 경력을 지니고 있다.

· 이사 기간: 3년 5개월(1990년 11월 착공 ~ 1994년 3월 완공)

· 이사 비용: 23억 원(당초 견적 15억 원)

· 이사 방법: 상식上植공법(성토 후 나무를 수직 이동하여 15미터 올려 심음)

임하댐 건설로 수장될 뻔했던 은행나무는 새 보금자리에 안착하여 자신의 옛 터전을 발(뿌리) 아래에 두고 있다. 지금의 자리에서도 예전처럼 물속에 비친 자기 모습을 반추하고 있을까? 그렇다면, 물속의 나무가 자기 자신인 줄은 알까? 암나무인 용계 은행나무가 수나무 없이도 은행 열매를 맺는 것은 마치 나르시시스Narcissus처럼 물속에 비친 자신에게 반하여 자가수정(?)한 결과라니 어떤 면을 보더라도 예사 나무는 아니다. 원래 자리에서는 50kg짜리 10가마를 족히 모을 만큼 많은 열매를 맺었다고 하는데 요즘도 예전의 왕성한 생산력을 자랑하는지는 기록이 없어 잘 모르겠다.

용계은행나무 외에 안동의 천연기념물은 6점이 더 있다.

· 대곡리 굴참나무(제288호)

　소재지: 안동시 임동면 대곡리 583

· 주하리 뚝향나무(제314호)

　소재지: 안동시 와룡면 주하리 634 외 1

· 송사리 소태나무(제174호)

　소재지: 안동시 길안면 송사리100-7외 4

출처: 안동시청 홈페이지

· 구리龜里 측백나무숲(제252호)

소재지: 안동시 남후면 광음리 산1-1

출처: 안동시청 홈페이지

· 사신리 느티나무(제275호)

  소재지: 안동시 녹전면 사신리 256 외 3

· 하회마을 만송정 숲(제473호)

  소재지: 경북 안동시 풍천면 하회리 1164-1


  하회마을 북쪽의 강바람을 막아주는 방풍림이면서 풍수상으
로 마을의 기를 보하는 비보림裨補林 역할을 하는 만송정은 만송
정 수藪, 혹은 그냥 쑤라고도 불린다.

27.

어제의 햇볕으로
오늘이 익는 안동

출처:《경북INNews》〈그때 그 풍경4-1986년 박실 풍경〉2020년 12월 07일자

　안동을 듣는 안동의 이야기는 어떤 마무리가 좋니껴? 안동사
람이 안동을 노래한 시 한 편이 젤이시더. 마침 그런 시가 있다.
시인 유안진은 고향 안동(박실마을)을, 어제의 햇볕으로 오늘이
익는 곳이라고 노래했다.

안동(安東)

유안진

어제의 햇볕으로 오늘이 익는

여기는 안동

과거로서 현재를 대접하는 곳

서릿발 붓끝이 제 몫을 알아

염치가 법규를 앞서던 곳

옛 진실에 너무 집착하느라

새 진실에는 낭패하기 일쑤긴 하지만

불편한 옛것들도 편하게 섬겨가며

참말로 저마다 제 몫을 하는 곳

눈비도 글 읽듯이 내려오시며

바람도 한 수 읊어 지나가시고

동네 개들 덩달아 대구對句 받듯 짖는 소리

아직도 안동이라

마지막 자존심 왜 아니겠는가

출처: "안동시티투어 먹탐여행"

## 안동 가실래요?

이 책을 읽고 안동에 가보고 싶은 마음이 생겼다면?

가면 된다. 『듣는 안동』한 권만 있다면 다른 준비

물은 필요 없다.

한술 더 떠(?) 가까운 사람들을 데리고 직접 안동

여행을 인솔하고 싶어진다면?

그땐 몇 가지 준비물이 필요하다. 버스 여행 기준,

필자의 경험을 토대로 알려드리겠다.

## 1. 편한 신발

여행 인솔자는 노루처럼 통통 튀어다녀야 한다.

버스가 서자마자 밥집으로 튀어가야 하고 여행지
에선 맨 앞으로 나가 여행자들을 이끌어야 한다. 그
러자면 우선 신발이 편해야 한다. 경사지, 평지를 안
가리고 뛰어다니기엔 경등산화가 제격이다. 경등산
화보다 더 편한 신발은 밑창이 낮은 단화이다. 필자
가 즐겨 신었던 단화는, 신발이라기보다는 발싸개에
가까운 아쿠아슈즈였는데 발에 전달되는 느낌이, 어
렸을 적 체력장에서 높은 점수를 얻기 위해 사 신었
던 '스파이크'와 유사하다. 단점이라면 민굽이라서
키높이 1~2센티가 소중한 필자 같은 사람에게는 뭔
가 아쉽다는 것과 걷다가 행여 돌부리라도 걸어차면
순간적으로 발가락이 부러진 듯이 아프다는 점이다.

### 2. 가방

등에 밀착되는 배낭과 허리에 차는 전대 하나쯤은 구비해야 한다.

### 3. 카메라

일명 똑딱이 이상급의 카메라는 있어야 한다. 사진 찍느라 정작 여행지에서 무얼 봤는지 기억이 없는 여행은 실패라고 생각하지만, 열 컷을 내 눈에 담았다면 그중 한 컷은 필름(메모리카드)에 남겨 놓는 것이 또한 실패 없는 여행이라고 믿는다.

### 4. 지도

인솔자에게 여행 지역의 지도는 필수. 고속도로 휴게소나 지역 내 관광안내소에 비치해둔 관광안내도 하나면 충분하다.

### 5. 나침반

필자처럼 길눈이 어두운 인솔자라면 나침반이 유용하다. '저걸 언제 써?' 싶겠지만 인솔하다보면 나침반이 필요한 상황이 반드시 생긴다.

### 6. 손전등

야간 여행 혹은 무박여행이라면 손전등은 필수다. 간혹 낮에도 손전등이 필요할 때가 있다. 예전 하회에 갔을 때 텅 빈 고목 속을 환하게 비춰보며 손전등이 유용하다고 느낀 적이 있다.

### 7. 휴대전화

그런데 언제부턴가 위 3, 4, 5, 6이 폰 하나로 해결된다.

### 8. 즐거운 마음

여행 자체를 좋아해야 한다. 다른 목적, 예컨대 수익 등을 위해 마지못해 하는 인솔이라면, 장담하건데 3회를 못 넘긴다.

### 9. 열린 귀

이 책의 취지처럼 안동 여행은 스토리에 주목해야 한다. 소풍 자체보다 사이다 챙기고 김밥 싸는 소풍 준비가 더 신나듯, 여행지에 대한 스토리를 미리 듣고 알고서 그것을 확인하고 싶은 기대감과 설렘이 여행의 절반 이상이다. 안동 여행은 더더욱 그렇다.

# 참고문헌

한글학회, 한국지명총람1 서울편, 삼일인쇄공사, 1966.

한겨레신문사, 발굴 한국현대사 인물2, 한겨레출판사, 1992.

유홍준, 나의 문화유산답사기3, 창비, 1997.

김희곤, 독립운동으로 쓰러진 한 명가의 슬픈 이야기, 영남사, 2001.

허경진, 한국의 읍성, 대원사, 2001.

이어령, 흙 속에 저 바람 속에, 문학사상사, 2003.

김성규, 내앞마을, 한빛, 2005.

조두진, 능소화, 위즈덤하우스, 2006.

배우리, 배우리의 땅이름 기행, 이가서, 2006.

김장동, 450년 만의 외출, 국학자료원, 2007.

문화재청, 수난의 문화재, 눌와, 2008.

역사경관연구회, 한국정원답사수첩, 동녘, 2008.

박걸순, 시대의 선각자 혁신유림 류인식, 지식산업사, 2009.

장주식·최석운, 강아지똥 할아버지, 사계절, 2009.

임재해, 안동 문화의 전통과 창조력, 민속원, 2010.

김희곤, 나라 위해 목숨 바친 안동 선비 열사람, 지식산업사, 2010.

노시훈, 웰컴투박물관, 컬처북스, 2010.

권정생, 몽실언니, 창비, 2013.

마경묵 외, 십대에게 들려주고 싶은 우리 땅 이야기, 갈매나무, 2013.

주호민, 제비원 이야기, 애니북스, 2014.

김동욱, 한국건축 중국건축 일본건축, 김영사, 2015.

최재용, 우리 땅 이야기, 21세기북스, 2015.

배영동 외, 안동문화로 보는 한국학, 알렙, 2016.

이동백, 안동의 산촌, 한빛, 2017.

당신이 모르는 그곳 안동, 어라운더월드, 2018.

노시훈, 진짜 몽골 고비, 어문학사, 2018.

최성달, 안동 이야기 50선 Ⅱ, 천우, 2018.

강윤정, 만주로 간 경북 여성들, 한국국학진흥원, 2018.

김종석, 퇴계 예던길, 민속원, 2018.

김형민, 딸에게 들려주는 한국사 인물전2, 푸른역사, 2019.

박민영, 임시정부 국무령 석주 이상룡, 지식산업사, 2020.

안동시청 www.andong.go.kr

영월군청 www.yw.go.kr

문화체육관광부 www.mcst.go.kr

법제처 www.moleg.go.kr

경북일보 www.kyongbuk.co.kr

경북매일 www.kbmaeil.com

# 듣는 안동

## 안동이 들려주는 27가지 이야기

**초판 1쇄 발행일** 2021년 12월 14일

**지은이** 노시훈
**펴낸이** 박영희
**편집** 박은지
**디자인** 최소영
**마케팅** 김유미
**인쇄·제본** AP 프린팅
**펴낸곳** 도서출판 어문학사
　　　　서울특별시 도봉구 해등로 357 나너울카운티 1층
　　　　대표전화: 02-998-0094/편집부1: 02-998-2267, 편집부2: 02-998-2269
　　　　홈페이지: www.amhbook.com
　　　　트위터: @with_amhbook
　　　　페이스북: www.facebook.com/amhbook
　　　　블로그: 네이버 http://blog.naver.com/amhbook
　　　　　　　다음 http://blog.daum.net/amhbook
　　　　e-mail: am@amhbook.com
　　　　등록: 2004년 7월 26일 제2009-2호

**ISBN** 978-89-6184-983-8 (03980)
**정가** 18,000원

※잘못 만들어진 책은 교환해 드립니다.